# Blechdosenspielzeug herstellen

Edward Thatcher

**Writat**

Diese Ausgabe erschien im Jahr 2023

ISBN: 9789359256375

Herausgegeben von
Writat
E-Mail: info@writat.com

# Inhalt

# EINFÜHRUNG

Blechdosenspielzeug wurde nach einer erfolglosen Suche in Spielzeugläden nach einer großen Blechlokomotive erfunden. Ich hatte in meinem Laden zu Hause eine lange Dose, von der ich dachte, dass sie sich sehr leicht zu einem Kessel für eine Spielzeuglokomotive umbauen ließe, indem man ein paar Beschläge hinzufügte, etwa ein Stück Blech, das in Form eines Schornsteins aufgerollt wurde. Ein Teil einer kleinen Dose könnte für eine Dampfglocke verwendet werden, oder ich könnte den oberen Teil einer bestimmten Zahnpulverdose verwenden, deren Verteilerdeckel sehr ähnlich einer Pfeife aussehen würde . Als Taxi war eine Kakaodose sehr praktisch und als Scheinwerfer diente eine Reißzweckendose. Die Räder bestanden aus zusammengelöteten Dosendeckeln und die Spielzeuglokomotive entstand, sehr zur Freude meines sehr kleinen Sohnes, der sie seit über einem Jahr im Dauereinsatz hat und am Ende immer noch für viele Fahrten gut ist einer Zeichenfolge.

Ich hatte immer Blechdosen für die Herstellung von Gegenständen wie Wassermotoren, Leimtöpfen, Schmelzkellen, Anlegebojen für Modellyachten usw. verwendet, aber die Lokomotive war das erste Spielzeug, das vollständig aus Blechdosen hergestellt wurde, und das hier schlug andere Spielzeuge vor. Als nächstes wurde die Dampfwalze hergestellt.

Ich habe festgestellt, dass sich die Dosen sehr gut für die Herstellung von Spielzeug eignen, da ein Großteil der Arbeit bereits erledigt ist.

Die zur Herstellung dieser Spielzeuge verwendeten Materialien sind reichlich vorhanden und kostengünstig – Dosen gibt es überall. Die benötigten Werkzeuge sind wenige und einfach zu verwenden, und ich habe festgestellt, dass sich aus gebrauchten Blechdosen so viele verschiedene und amüsante, langlebige Spielzeuge herstellen lassen, und dass auch allen offenbar so viel Spaß an der Herstellung der Spielzeuge zu haben schien, dass ich beschloss, sie für den Unterricht zu verwenden Zwecke.

Die Herstellung von Blechdosenspielzeug wurde in einer Grundschule unter der Leitung eines sehr fähigen Lehrers, der sich mit der Herstellung auskennt, gründlich erprobt. Schüler im Alter von zehn, elf und zwölf Jahren haben bewiesen, dass diese Spielzeuge einfach herzustellen sind, und viele Schulen haben diese Arbeit mittlerweile gut etabliert.

Tafel XI abgebildete Dampfwalze wurde von einem zehnjährigen Jungen nach einem Modell angefertigt, das ich dafür angefertigt hatte. Derselbe Junge entwickelte ein ganz eigenes Handwerk, indem er für seine Mutter und die Nachbarn verschiedene Blechwaren zusammenlötete.

Aber was noch besser ist: Die Arbeit mit den Blechdosen hat die Erfindungsgabe meiner Klasse in überraschendem Maße entwickelt. Die Schüler haben sich viele eigene Modelle ausgedacht und hergestellt – nicht nur Spielzeug, sondern auch nützliche Dinge. Verschiedene Mitglieder der Klasse untersuchten die großen Lastwagen, Autos, Hebemaschinen, Lokomotiven, Boote und ähnliche Dinge, die man in jeder Hafengemeinde sieht, um herauszufinden, wie sie hergestellt wurden, wie sie funktionierten und warum. Diese Schüler kehrten dann in die Schulläden zurück und stellten eigene Modelle her, von denen viele beträchtlichen Einfallsreichtum und Einfallsreichtum zeigten.

Ich beschloss, den Berufshelfern in meinen Kursen an der Columbia University beizubringen, wie man diese Spielzeuge herstellt, damit sie wiederum die verwundeten Soldaten in den Krankenhäusern unterrichten konnten.

Es ist eine große Freude zu wissen, dass bei der Drucklegung dieses Buches viele verwundete Soldaten durch die Herstellung der Blechdosenspielzeuge hier Spaß hatten und davon profitieren.

Doch die Herstellung von Blechdosenspielzeug ist keineswegs auf Krankenhäuser und Schulen beschränkt. Wer sich fürs Tüfteln, für den Umgang mit Werkzeugen und für die Verwertung von Abfallstoffen interessiert, kann beim Zusammensetzen von Blechdosen und Teilen davon Freude und Gewinn finden. Es können viele nützliche und attraktive Dinge für Zuhause, Geschäft oder Camping hergestellt werden.

Ich habe festgestellt, dass es durchaus möglich ist, aus Blechdosen viele dekorative Dinge herzustellen, und seit einigen Jahren stelle ich Laternen, Kerzenständer, Wandleuchter und Tabletts aller Art her. Die Form der Dosen selbst eignet sich hervorragend zur Dekoration, wenn sie von einer Person mit Sinn für Design und Proportionen zusammengebaut werden.

An einem gut gefertigten Blechdosenspielzeug ist nichts Schwaches oder Schwaches. Ein flacher Blechstreifen lässt sich sehr leicht biegen; Wenn derselbe Zinnstreifen über seine gesamte Länge im rechten Winkel gebogen wird, wie das Winkeleisen, das man bei Eisenkonstruktionen findet, wird man feststellen, dass er bemerkenswert steif ist.

Biegen Sie auf jeder Seite eines Blechstreifens einen Winkel nach oben, wie ein in Gebäuden verwendetes U-Profil; es wird einer bemerkenswerten Belastung standhalten.

Ich habe für den Aufbau der in diesem Buch gezeigten Spielzeuge die gängigen Formen aus Baustahl verwendet, mit dem Ergebnis, dass sie überraschend solide und langlebig sind, obwohl sie vollständig aus Dosen oder dem Blech aus abgeflachten Dosen und Kisten hergestellt sind.

Diese Spielzeuge weisen keine rauen oder scharfen Kanten auf. Die Kanten eines Blechstücks können umgefaltet oder „gesäumt" werden – oder ein gefalteter Blechstreifen kann über eine Kante geschoben werden, die verstärkt werden muss. Dadurch entfällt die Gefahr, sich die Finger zu schneiden oder dünne Kanten zu verbiegen.

Obwohl es aus Blech besteht, muss ein gut gemachtes, gut bemaltes Blechdosenspielzeug nichts „blechernes" sein.

Für die Arbeit sind nur sehr wenige und sehr einfache Werkzeuge erforderlich, und Lot, Lötflussmittel, Nieten, Draht und Farbe sind sehr kostengünstige Artikel, da für jedes hergestellte Stück nur sehr wenig verwendet werden muss.

Das Löten ist bei weitem der wichtigste Arbeitsschritt bei der Herstellung von Blechdosenspielzeugen. Aber es ist ganz einfach, wenn man es einmal verstanden hat. Wenn man die Grundsätze des Lötprozesses gründlich beherrscht, ist das überhaupt kein Problem. Die Kapitel IV und V sollten gründlich gelesen und noch einmal gelesen werden, bevor man mit dem Löten beginnt, und mindestens zwei Übungsstücke gut zusammengelötet werden, bevor man fortfährt.

Seit die Blechdosenspielzeuge in meinen Klassen am College eingeführt wurden , habe ich mehr als zweihundert Schülern beigebracht, wie man sie herstellt. Viele dieser Schüler hatten wenig oder keine Erfahrung mit Werkzeugen und hatten nie damit gerechnet, welche zu haben, bis der Krieg ausbrach und die Vorstellungen vieler Menschen über ihre Fähigkeit, mit ihren Händen zu arbeiten, veränderte. Ich habe noch keinen Schüler kennengelernt, der nach sehr kurzer Unterrichtszeit nicht löten konnte.

Schauen Sie sich das Ende einer kleinen Olivenöldose oder einer Dose an, in der üblicherweise Kakao aufbewahrt wird, und denken Sie dann an die Form des Kühlers und der Motorhaube eines modernen Automobils. Die Form der Dose und die Form der Motorhaube des Automobils sind sehr ähnlich. Ein paar in regelmäßigen Reihen in das Ende der Dose gestanzte Löcher verwandeln sie optisch in einen Miniaturkühler, und einige in die Seite der Dose geschnittene Schlitze sehen den Lüftungsschlitzen an der Seite einer echten Motorhaube sehr ähnlich. Löten Sie den Deckel einer Zahnpasta- oder Farbtube über den Kühler und schon sind Haube und Kühler fertig.


Eine Haube dieser Art aus einem einfachen Metallblech zu formen, hätte viel mehr Geschick erfordert, als der durchschnittliche Bastler wahrscheinlich besitzt, aber man hat es fertig in der Dose, und das ist die ganze Idee des Blechdosenspielzeugs Gebäude.

Weniger als die Hälfte einer rechteckigen Zwei-Liter-Dose, die für ein bestimmtes Speiseöl verwendet wird, passt in die Karosserie eines Lastwagens und ähnelt so sehr den Karosserien der echten Lastwagen, dass es schwierig wäre, eine zu finden oder zu bauen, die ihnen ähnlicher wäre.

Aus Makrelen- und Heringsdosen, die normalerweise die Form von Booten haben, können viele verschiedene Arten von Booten hergestellt werden, die wirklich schwimmen können. Zwei zusammengelötete Makrelendosen lassen auf den Kampfpanzer schließen. Es ist nur wenig Arbeit nötig, um diese Dosen in echte Spielzeuge zu verwandeln.

Lange zylindrische Kannen deuten auf Kessel für Spielzeuglokomotiven, Hebe- und Traktionsmaschinen, Dampfwalzen und dergleichen hin.

Räder für Schienenfahrzeuge können aus Dosen oder Dosendeckeln hergestellt werden. Kleine Klebebandkästen eignen sich hervorragend als Scheinwerfer oder Suchscheinwerfer und auch als Lotsenhäuser für kleine Schlepper. Kronkorken, Reißnägelschachteln und die kleinen Schraubverschlüsse von Oliven- oder Speiseöldosen lassen auf Kopf-, Seiten- und Rücklichter für Spielzeugautos und viele andere Dinge schließen.

Abgesehen von der Freude, die das eigentliche Herstellen von Blechdosenspielzeugen mit sich bringt, liegt die vielleicht größte Befriedigung darin, dass man Material verwendet, das normalerweise weggeworfen wird – und so aus dem Nichts etwas macht.

Und so wird dieses Buch von einem Bastler den Bastlern angeboten, in der Hoffnung, dass sie etwas von der Freude daran haben, die er beim Schreiben hatte.

EDWARD THATCHER.

Woodstock, Ulster County, New York.
September 1919.

# AUSZUG AUS EINEM BRIEF, DEN EINE EHEMALIGE SCHÜLERIN, FRAU, AN DEN AUTOR GESCHRIEBEN HAT
## . CLYDE M. MYERS

## REKONSTRUKTIONSHILFE, DIREKTOR DER WERKSTATT DES ROTEN KREUZES FÜR PATIENTEN IM NEUROLOGISCHEN BASISKRANKENHAUS 117, LA FAUCHE, HAUTE MARNE, FRANKREICH

„Das Krankenhaus war neu und hatte viele Bedürfnisse. Wir begannen am Tag nach unserer Ankunft mit der Arbeit und als unsere kleine Ausrüstung ausgepackt war (Frau Myers bezieht sich hier auf ihre persönliche Werkzeugausrüstung, die zwangsläufig klein war, da sie aus Amerika mitgebracht wurde. Die Läden des Krankenhauses waren nicht damit ausgestattet Nachdem die Helfer die Arbeit festgelegt und sich für die benötigten Werkzeuge entschieden hatten, gingen aus allen Bereichen des Krankenhauses Anfragen ein, dass wir alles herstellen sollten, von Tischen und Schüsseln bis hin zu Donut-Ausstechern. Es herrschte ein solcher Materialmangel, dass das Problem ihrer Herstellung nur durch den Einfallsreichtum des amerikanischen Soldaten und den allgegenwärtigen Haufen Blechdosen hätte gelöst werden können.

„Einige alte französische Krankenhausbetten, die auf dem Schrottplatz gefunden wurden, wurden schnell in Werkbänke umgewandelt. Damals hörte die Blechdose auf, etwas zu verbrennen und zu vergraben, und erlangte ihre volle Bedeutung.

„Unser erster Bedarf war ein Holzkohleofen zum Erhitzen unserer Lötkupfer. Dies wurde aus zwei großen quadratischen Dosen mit einer Ziegeleinlage hergestellt. Ein Stück von einem alten Rost vervollständigte diesen vollkommen guten Ofen, der uns viele Monate lang gute Dienste leistete.

„Als nächstes wurden die Bedürfnisse der Küche berücksichtigt. Zum Geschirrspülen haben wir drei riesige Holzbottiche mit den Maßen 2 x 2½ x 6 Fuß gebaut. Die Auskleidung und die Abflussrohre hierfür wurden aus mehreren großen Blechdosen hergestellt. Als das Krankenhaus immer größer wurde, gab es einen ständigen Bedarf an Dingen wie Keksformen, Donutschneidern, Trichtern, Kartoffelreiben, Gemüsesieben, Seifenschalen und anderen kleinen Bedarfsartikeln.

„Für die Offiziersstationen, die Kaserne und die Erholungshütte stellten wir Zinnleuchter, Blumenhalter, Aschenbecher, elektrische Lampenschirme,

Teetabletts, Schreibtischgarnituren und Aktenkästen her. Alle davon waren nicht nur nützlich, sondern auch sehr dekorativ, da sie von den Patienten ansprechend bemalt und dekoriert wurden. Die Soldaten zeigten großes Interesse an der Herstellung mechanischer Spielzeuge, insbesondere kriegerischer Spielzeuge wie Panzer, Flugzeuge , Kanonen und Armeelastwagen.

„Die Reflektoren für die Fußlichter der Bühne in der Rotkreuz-Freizeithütte bestanden aus Blechdosen. Die Schlussmänner der Minstrel-Show waren ziemlich fröhlich und trugen Blechdosenhüte — was hätte einfacher sein können — eine Blechkrempe mit einer umgedrehten Butterdose als Krone, bunt bemalt und mit Bändern verziert!

PLATTE I

*Mit freundlicher Genehmigung der Bildbesprechung*

Verwundete Soldaten bei der Arbeit

„Die Prinzessin im Weihnachtsspiel brauchte eine glänzende Rüstung. Sich überlappende Halbkreise aus Zinn erfüllten nicht nur ihren Zweck, sondern waren auch glitzernd und prachtvoll. Die Heiligen Drei Könige im Stück brauchten dringend Kronen; Drei Haferflockendosen wurden für sie wunderschön zu königlichen Kopfbedeckungen verarbeitet.

„Der Weihnachtsbaum glänzte mit Hunderten von Sternen, Diamanten, Halbmonden und Kerzenhaltern, was der letzte Beitrag unseres lang ersehnten und nie versagenden Freundes, des Blechdosenhaufens, war, als das Krankenhaus bald darauf evakuiert wurde."

„Ich hatte die volle Verantwortung für die Arbeit und habe den anderen Helfern die Arbeit mit der Blechdose beigebracht, da es für sie äußerst wichtig war, diese zu kennen. Viele dieser Helfer wurden in andere Krankenhauswerkstätten geschickt und führten dort in die Arbeit ein."

FRAU CLYDE M. MYERS, RA

# KAPITEL I
## BLECHDOSEN

**VERSCHIEDENE ARTEN VON DOSEN UND BOXEN – VORBEREITEN DER DOSEN FÜR DIE ARBEIT – EINSCHNEIDEN UND ÖFFNEN VON DOSEN UND BOXEN**

jeder weiß , gibt es Blechdosen und -schachteln in vielen Formen und Größen . rund, quadratisch, elliptisch, hoch, kurz oder flach. In jeder Gemeinde können in kurzer Zeit überraschend viele attraktive Formen und Größen gesammelt werden. Hausfrauen sind nur allzu froh, jemanden zu finden , der sie benutzt.

Dosen, die direkt nach Entnahme des Inhalts gut mit heißem Wasser ausgespült werden, sind in der Verarbeitung überhaupt nicht zu beanstanden; Aber nicht ausgespülte oder weggeworfene und der Witterung ausgesetzte Dosen sind sehr unangenehme Gegenstände, und außerdem ist eine rostige Dose sehr schwer zu löten. Es ist einfach, eine Dose auszuspülen oder auszubrühen, sobald der Inhalt entnommen ist.

Tomaten-, Mais-, Erbsen- und Kondensmilchdosen sind am reichlichsten vorhanden. Kaffee-, Tee-, Kakao-, Marmeladen-, Makrelen- und Sardinendosen, Oliven- und Speiseöldosen, Backpulver- und Gewürzdosen eignen sich für die Herstellung der in diesem Buch beschriebenen Dinge und für vieles mehr. Keksdosen, Tabakdosen, Kaltcreme, Salben und die kleinen Klebebandschachteln bieten alle Möglichkeiten. Für diese Arbeit sollten die Schraubverschlüsse von Olivenöl- und Speiseöldosen sowie Flaschenverschlüsse eingesammelt werden. Jelly-Glasdeckel, eigentlich sind alle flachen Blechdeckel nützlich. Es lohnt sich, Sirup- und Melassedosen mit separaten, aufsteckbaren Deckeln aufzubewahren, insbesondere die Deckel. Bestimmte Behälter mit Trockenmaterial bestehen heute größtenteils aus Pappe mit Deckel, Deckel und Boden aus Zinn. Die Zinnteile dieser Behälter haben oft eine attraktive Form. Die großen runden Gallonendosen, die in Hotels und Restaurants verwendet werden, sind besonders nützlich, und aus den Seiten der Dose kann ein großes Stück Zinn gewonnen werden, und der Boden kann für große Kerzenuntertassen und viele andere Dinge verwendet werden. In einigen Restaurants sind große quadratische Blechdosen erhältlich, die früher 100 Pfund Kakao enthielten. Diese bestehen aus schwerem Zinn und fünf große Bleche können von der Unterseite und den Seiten abgeschnitten werden. Für die gleiche Menge Zinn müsste deutlich über 1 Dollar bezahlt werden.

**Dosen für die Arbeit vorbereiten .** — Dosen, die Farbe, Ofenschwärze, schwere Öle oder Fette enthielten, oder Dosen, die herumstanden und deren

Inhalt teilweise der Luft ausgesetzt war, können durch das heiße Laugenbad gründlich von allen Fremdkörpern gereinigt werden. Dieses Bad wird durch die Zugabe von zwei gehäuften Esslöffeln Lauge oder Waschsoda zu einem Liter kochendem Wasser zubereitet. Dosen, die einige Minuten in dieser Lösung gekocht werden, werden von sämtlicher Farbe, Papieretiketten usw. gereinigt. Halten Sie Ihre Hände von der Lösung fern und lassen Sie nichts davon mit der Kleidung in Kontakt kommen . Heben Sie das Werkstück mit einem Drahthaken heraus und spülen Sie die Lauge mit heißem Wasser ab. Stellen Sie die Dosen mit dem Boden nach oben auf, damit sie auslaufen können, ohne dass Wasser darin zurückbleibt. Die Laugenlösung kann mehrmals verwendet und dann in den Ausguss geschüttet werden, da sich Lauge hervorragend für Abflussrohre eignet. Lassen Sie ein Laugenbad nicht in der Werkstatt, ohne es fest abzudecken, wenn es nicht verwendet wird, da die Dämpfe aus dem Bad mit Sicherheit jedes Werkzeug an diesem Ort verrosten lassen.

Kaffee-, Tee-, Kakao-, Talkum- und andere Dosen, die trockenes Material enthielten, müssen bis zum Bemalen nicht in das Laugenbad gegeben werden, es sei denn, die Etiketten sind dem Löten zu sehr im Weg. Kleine Schachteln, die beispielsweise Tabak enthalten, sind fast mit einer Art lackierter Farbe bedeckt. Dieser kann an der Stelle abgekratzt werden, an der das Gehäuse gelötet werden soll. Wenn jedoch viel gelötet werden muss, sollte das gesamte Gehäuse im Laugenbad ausgekocht werden, bis die gesamte Farbe entfernt ist. Manchmal macht die Lauge die Farbe weicher, entfernt sie aber nicht vollständig. Sie können dem Bad mehr Lauge hinzufügen und das Werkstück eine Weile darin belassen, oder das Werkstück aus dem Bad nehmen und die aufgeweichte Farbe mit einer Scheuerbürste und reichlich klarem Wasser abschrubben. Nach mehrmaliger Anwendung wird das Bad zu trübe und zu schwach für eine weitere Verwendung und es sollte dann ein neues Bad gemacht werden, da die Lauge preiswert ist.

Für eine gute Arbeit ist es notwendig, dass die Dosen gründlich sauber sind.

**Einschneiden und Öffnen von Dosen und Kartons. —** Es gibt eine sehr einfache Möglichkeit, eine Dose oder einen Karton aufzuschneiden und zu öffnen. Um Räder, kleine Tabletts und andere Dinge herzustellen, muss ein großer Teil der Seiten der Dose abgeschnitten werden, so dass ein kleiner Teil der Seiten am Boden befestigt bleibt. Der abgeschnittene Teil kann abgeflacht und für die Herstellung verschiedener Dinge verwendet werden. Da die meisten der verwendeten Dosen auf diese Weise auf unterschiedliche Abmessungen zugeschnitten werden, entweder um den Boden mit einem Teil der Seiten zu nutzen oder um flache Blechplatten zu erhalten, ist es sinnvoll, über die einfachste Vorgehensweise nachzudenken.

Bestimmen Sie zunächst, wie viel vom unteren Teil der Dose intakt bleiben soll. Zeichnen Sie dann mithilfe eines auf dieses Maß geöffneten Teilerpaars eine Linie parallel zum Boden der Dose und vollständig um diese herum. Halten Sie dazu die Dose mit der linken Hand an die Bank, sodass sie gegen die Trennpunkte gedreht werden kann, wie in Tafel IV, *a gezeigt*. Halten Sie die Trennwände fest an die Bank und gegen die Dose gedrückt, sodass der oberste Punkt beim Drehen oder Markieren genau auf der gleichen Höhe von der Bank gehalten wird, während Sie die Dose zum Markieren gegen den Punkt drehen.

PLATTE II

Army truck shown in frontispiece assembled from group of cans shown below

Tin cans used to make the army truck shown in frontispiece

Im Frontispiz abgebildeter Armeelastwagen, zusammengesetzt aus der unten abgebildeten Dosengruppe

Blechdosen, aus denen der im Frontispiz abgebildete Armeelastwagen hergestellt wurde

PLATTE III

*Mit freundlicher Genehmigung der Bildbesprechung*

Der Rohstoff, aus dem viele der in diesem Buch gezeigten Spielzeuge hergestellt wurden

PLATTE IV

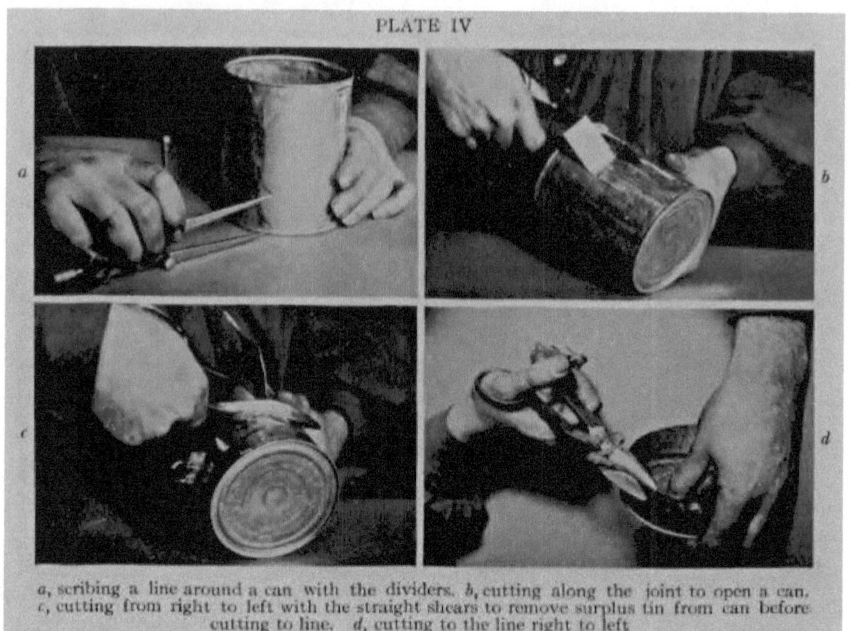

a, scribing a line around a can with the dividers. b, cutting along the joint to open a can. c, cutting from right to left with the straight shears to remove surplus tin from can before cutting to line. d, cutting to the line right to left

*a* , mit den Trennblättern eine Linie um eine Dose zeichnen. *b* : Schneiden Sie entlang der Verbindungsstelle, um eine Dose zu öffnen. *c* : Schneiden Sie mit der geraden Schere von rechts nach links, um überschüssiges Zinn aus der Dose zu entfernen, bevor Sie es auf die Linie schneiden. *d* , von rechts nach links auf die Linie schneiden

PLATTE V

*Urheberrecht liegt bei Keystone View Co., NY*

Autor bei der Arbeit

Schneiden Sie dann mit einer geraden Metallschere jede Seite der Naht oder Verbindung an der Seite der Dose bis auf einen halben Zoll von der horizontalen Linie ab, die Sie mit den Trennwänden markiert haben (siehe Tafel IV, b ).

Biegen Sie den schmalen Streifen mit der Naht heraus und schneiden Sie ihn mit der Schere ab. Dadurch entsteht an der Seite der Dose ein offener Schlitz, in den die Schere leicht eingeführt werden kann, um horizontal um die Dose herum zu schneiden.

Versuchen Sie nicht, direkt an der mit den Trennwänden um die Dose herum markierten Linie zu schneiden, sondern beginnen Sie mit dem Schneiden etwa einen halben Zoll über dieser Linie und schneiden Sie vollständig um die Dose herum, bis Sie den gesamten oberen Teil davon abgeschnitten haben. Nachdem Sie den größeren Teil des Metalls abgeschnitten haben, lässt sich der über der Linie verbleibende schmale Streifen leicht abschneiden, da er sich beim Schneiden mit der Schere nach oben wölbt.

Die Dose sollte in der linken Hand so gehalten werden, dass das offene Ende oder die Oberseite zu Ihnen zeigt (siehe Tafel IV, c). Achten Sie darauf, dass Sie die Dose auf diese Weise halten. Halten Sie die Blechschere in der rechten Hand und beginnen Sie immer mit der linken Hand zu schneiden, wenn Sie um eine Dose oder einen Karton herum schneiden. Biegen Sie die Dose beim Schneiden zur Seite. Sie werden feststellen , dass es unmöglich ist, in einer geraden Linie zu schneiden oder einen kontinuierlichen, ununterbrochenen Schnitt zu erzielen, während ein großer Teil der Dose weggeschnitten wird. Nachdem das größere Stück jedoch aus dem Weg geräumt ist, kann der über der Linie verbleibende schmale Streifen leicht abgeschnitten werden, wenn Sie in Richtung Ihrer linken Hand schneiden und das offene Ende der Dose in Ihre Richtung halten. Es ist unmöglich, mit einer geraden Schere eine gerade Linie um eine zylindrische Form zu schneiden, es sei denn, die Schere schneidet von rechts nach links und der weggeschnittene Teil des Metalls befindet sich am nächsten zum Bediener.

Der Umgang mit den Dosen fällt dem Anfänger vielleicht leichter, wenn er ein Paar alte, dünne Samthandschuhe trägt.

Wenn man es sich leisten kann, eignet sich die Doppelschere, wie sie in den Zusatzwerkzeugen auf Seite 31 aufgeführt ist , hervorragend zum Öffnen und Schneiden von Dosen. Diese Scheren haben drei Klingen, und eine Klinge, die zwischen zwei feststehenden Klingen schneidet, schneidet beim Arbeiten mit der Schere einen schmalen Streifen Blech ab, so dass beim ersten Schnitt eine gerade Linie um eine Dose gezogen werden kann. Die Spitze der einzelnen Klinge kann in die Seite einer Dose gestanzt werden und der Schnitt an einer beliebigen Stelle um die Dose herum beginnen. Wenn viele Dosen zerschnitten werden müssen, erspart diese Doppelschneideschere viel Zeit und Ärger. Die gerade Schere wird jedoch ausreichend funktionieren, wenn die oben genannten Anweisungen sorgfältig befolgt werden.

Achten Sie darauf, beim ersten Umschneiden einer Dose nicht bis zur Linie zu schneiden. Schneiden Sie zuerst den größeren Teil ab und dann bis zur Linie, wenn nur noch ein schmaler Streifen wegzuschneiden ist. Es macht Ihnen nichts aus, wenn das erste abgeschnittene Stück sehr rau und gezackt aussieht. Am Anfang mag es etwas schwierig sein, aber mit Geduld und Übung wird es bald recht einfach sein, eine Dose auf diese Weise mit einer gewöhnlichen geraden Schere aufzuschneiden.

Schneiden Sie den oberen Teil der Dose oder den gerollten Rand ab, der an dem abgeschnittenen Teil der Dose haftet. Schneiden Sie alle gezackten Kanten ab. Legen Sie die Dose flach auf die Bank oder den Amboss und glätten Sie die Dose mit leichten Schlägen eines Holzhammers. Legen Sie diese Dose beiseite, bis Sie sie benötigen.

Ich finde es praktisch, den oberen oder gerollten Rand von großen runden Dosen abzuschneiden, bevor ich sie in der Nähe des Bodens umschneide, da es dann einfacher ist, die vergleichsweise große Blechplatte so zu biegen, dass sie der Schere nicht im Weg steht, wenn ich um die Dose herum schneide ganz unten. Eine große Schere eignet sich sehr gut zum Öffnen großer Dosen, aber auch eine kleine Schere reicht aus, wenn man sie geschickt einsetzt.

Denken Sie beim Schneiden von Metall mit einer Schere immer daran, dass die Schere in der Nähe der Verbindung oder des Bolzens stärker schneidet, insbesondere beim Durchschneiden einer Faltnaht oder einer Lötverbindung. Halten Sie die Schere gut geölt und lassen Sie sie von einem kompetenten Mechaniker schärfen, wenn sie stumpf wird.

Achten Sie beim Schneiden schmaler Blechstreifen darauf, dass das Blech nicht zwischen den Schermessern eingeklemmt wird, sodass die Schermesser seitlich auseinandergedrückt werden. Halten Sie die Schraube festgezogen, damit die Klingen eng zusammenpassen.

Man könnte annehmen, dass es in einer großen Klasse von Blechspielzeugherstellern häufig zu Schnittwunden oder verbrannten Fingern kommt, aber das hat sich nicht bewahrheitet. Unfälle dieser Art gab es überraschend selten, und keiner davon war schwerwiegend.

Man lernt schnell, wie man mit Zinn umgeht, um raue oder scharfe Kanten zu vermeiden, und dass ein Lötzinn über einen großzügigen Griff verfügt, damit er im heißen Zustand sicher und einfach gehandhabt werden kann.

Einige der Schüler fanden heraus, dass alte Samthandschuhe mit abgeschnittenen Fingerteilen Schutz für Hände boten, die nicht für die Arbeit im Laden verwendet wurden.

Eine Flasche Jod wurde griffbereit gehalten und leichte Schnittwunden wurden sofort mit kaltem Wasser gewaschen und Jod auf die Schnittwunde aufgetragen, die dann leicht verbunden wurde. Diese Behandlung erwies sich als äußerst wirksam und es traten keine negativen Auswirkungen auf.

Eine Mischung aus reinem Leinöl und Kalkwasser ist in jedem Apotheker erhältlich und ein sehr wirksames Mittel gegen Verbrennungen. Die Lösung sollte gut geschüttelt und direkt auf die Verbrennung aufgetragen werden, die dann mit mit der Mischung befeuchteten Bandagen verbunden werden sollte.

Zu einem dicken Schaum aufgearbeitete gewöhnliche braune Waschseife ist ein hervorragendes Mittel gegen leichte Verbrennungen.

Mit Sorgfalt und Geduld im Umgang mit der Dose und den Werkzeugen lassen sich die oben genannten Mittel im Laden kaum gebrauchen.

Die verschiedenen Probleme, die in diesem Buch über Blechdosenspielzeuge vorgestellt werden, sollten in der Reihenfolge bearbeitet werden, in der sie dargestellt werden, da jedes Problem in einer bestimmten Beziehung zueinander steht. Stellen Sie sicher, dass Sie zuerst die einfacheren Probleme lösen – auch wenn Sie über beträchtliche Erfahrung in anderen Formen der Metallbearbeitung verfügen. Bei der Herstellung von Blechdosenspielzeugen werden eine Reihe von Verfahren eingesetzt, die speziell auf die Bearbeitung von Zinn abgestimmt sind.

Obwohl diese Prozesse sehr einfach sind, unterscheiden sie sich in gewisser Weise von denen der Kupferverarbeitung und der Schmuckherstellung, obwohl sie eher mit der kommerziellen Metallverarbeitung von heute verwandt sind.

# KAPITEL II
## Werkzeuge und Geräte

## WERKZEUGLISTEN UND KOSTEN – AUSLEGEN UND MARKIEREN DER ARBEIT – WERKZEUGGERÄTE

In diesem Kapitel werden die Namen und ungefähren Kosten der Werkzeuge und Geräte angegeben sowie Vorschläge zur Einrichtung der Werkstatt für die Arbeit mit den Dosen. Für das Anordnen der Arbeit mit Lineal, Winkel und Teiler werden verschiedene Methoden vorgeschlagen.

Es muss daran erinnert werden, dass die Werkzeugpreise nicht festgelegt sind und dass es sich bei den in den folgenden Listen genannten Preisen um die Marktpreise von heute, dem 29. Juli 1918, handelt. Derzeit sind die Preise für Werkzeuge aufgrund bedingter Umstände viel höher als üblich der Krieg. Die Werkzeugpreise variieren je nach Marktbedingungen.

Die aufgeführten Werkzeuge können in jedem guten Baumarkt gekauft oder in den Katalogen aller großen Versandhäuser bestellt werden (mit Ausnahme des Dachdecker-Holzordners und des Formhammers). Obwohl der Falzapparat nicht unbedingt erforderlich ist, um Winkel in der Dose zusammenzufalten, ist es viel besser, einen zu haben, um die zahlreichen Winkel herzustellen, die bei Blecharbeiten verwendet werden, als zu versuchen, das Falten von Hand zu versuchen, und insbesondere, wenn lange Winkel für Laternen hergestellt werden sollen. Türme, Autochassis und dergleichen. Tatsächlich ist es fast ständig im Einsatz.

Der hölzerne Dachdeckerordner ist bei Eisenwaren- und Versandhändlern nicht auf Lager, kann aber bei einem Händler für Blechschmiede- oder Spenglerwerkzeuge bestellt werden. Jeder gute Klempner oder Klempner wird Ihnen sagen, wo Sie einen bestellen können.

Der Formhammer lässt sich ganz einfach aus einem Ahornblock oder einem Stück Besenstiel herstellen, wie unter „Shop Appliances" beschrieben.

Es ist eine Selbstverständlichkeit, dass so einfache Werkzeuge wie Lineale und Bleistifte zur Hand sind.

### LISTE DER WERKZEUGE ZUR EINFACHEREN HERSTELLUNG VON SPIELZEUG UND DEKORATIONSGEGENSTÄNDEN AUS BLECHDOSEN

1 Lötkupfer, Gewicht 1 Pfund (1 Pfund tatsächliches Gewicht des Kupferendes)

1 Holzgriff für Kupfer

1 Paar Blechscheren, 8 oder 10 Zoll

1 Paar Flachzange, 4 Zoll

1 Paar Rundzange, 4 Zoll

1 Paar Trennwände , 6 Zoll

1 kleiner Niet- oder Hefthammer

1 halbrunde Feile, glatt gefräster Schnitt, 8 bis 10 Zoll

1 Holzhammer, Schlagfläche 7,6 cm

1 Schachtel Lötpaste

1 Stange Weichlot

2 lbs. Weichlotdraht

1 Holzhammer ( hausgemacht )

1 Dachdecker-Ordner aus Holz (optional)

      (Dachdeckerordner ist nur beim Fachhändler für Klempnerwerkzeuge erh

1 Schraubstock ( 3-Zoll -Backen)

1 Versuchsquadrat, 6 Zoll


**Außer den Dosen benötigte Materialien.** – Verzinkter Draht, jeweils 10 oder 15 Fuß, mit den folgenden Durchmessern: $\frac{1}{16}$ , $\frac{1}{8}$ , $\frac{3}{16}$ , $\frac{1}{4}$ (wenn nicht alle diese Durchmesser erhältlich sind, verwenden Sie $\frac{1}{8}$ Zoll oder größer). Drahtnägel, jeweils etwa $\frac{1}{2}$ Pfund, in den folgenden Größen: 2d, 3d, 4d, 6d, 8d, 10d, 20d (d ist die Abkürzung für Penny). Verzinnte Nieten, mehrere Dutzend der kleinsten Größe (eine Schachtel mit einem Brutto ist ungefähr so billig wie sechs Dutzend). Dose Lauge oder 2 Pfund Waschsoda. Zum Erhitzen des Lötkupfers wird eine Art Heizgerät benötigt, z. B. ein Kerosinofen mit blauer Flamme, ein Gasofen oder ein gewöhnlicher Einbrenner-Gasherd, ein Holzkohleofen oder ein Benzin-Klempnerbrenner mit Aufsätzen zum Halten von Kupfer. Eine große Dose oder ein großer Eimer oder ein alter Waschkessel zum Aufbewahren der heißen Laugenlösung.

**Ergänzende Werkzeugliste .** — Die in dieser Liste genannten Werkzeuge sind für die Herstellung fortgeschrittenerer Modelle sehr praktisch, insbesondere die Handbohrmaschine und die Spiralbohrer, die mit der Handbohrmaschine verwendet werden. Die zusätzlichen Werkzeuge sind für die Herstellung der Blechdosenspielzeuge keineswegs notwendig, aber wenn man es sich leisten kann, werden sie als äußerst praktisch empfunden.

Allerdings können fast alle Modelle mit den auf Seite 29 aufgeführten Werkzeugen hergestellt werden , wenn man mit ihnen über ausreichende Geschicklichkeit verfügt. Je mehr Arbeit man mit Werkzeugen verrichtet, desto weniger Werkzeuge benötigt man, wenn die Werkzeuge intelligent eingesetzt werden.

Die Werkzeuge in beiden Listen sollten nach Möglichkeit gekauft werden, da es sich dabei um Werkzeuge handelt, die üblicherweise in Metallbearbeitungsbetrieben verwendet werden. Kaufen Sie zuerst die auf Seite 29 aufgeführten Werkzeuge und gehen Sie damit so weit wie möglich. Kaufen Sie dann so viele Zusatzwerkzeuge wie möglich, wenn Sie sie benötigen.

Sofern nicht anders angegeben, können diese Werkzeuge in jedem guten Baumarkt erworben werden.

**ERGÄNZENDE WERKZEUGLISTE**

1 Handbohrmaschine, Kapazität $\frac{1}{32}$ bis $\frac{3}{16}$ Zoll Bohrer

4 Spiralbohrer, $\frac{1}{16}$ , $\frac{1}{8}$ , $\frac{3}{16}$ , $\frac{1}{4}$ Zoll Durchmesser


1 Paar große Blechschere, 12 oder 16 Zoll

1 Paar gebogene Blechschere, 8 Zoll

1 Paar Doppelschere, 8 Zoll (optional)

1 Paar Seitenschneider, 5 Zoll

1 Paar Federteiler, 6 Zoll

1 Paar Außensättel, 6 Zoll

       (Federteiler und Außensättel sind manchmal in den 5- und 10-Cent-Läden erhält

1 kleines Lötkupfer, Gewicht ca. 4 Unzen

1 halbrunde Feile, 8 Zoll (feiner Hieb)

1 Rundfeile, 8 Zoll lang, $\frac{1}{4}$ Zoll Durchmesser

1 kleiner Kaltmeißel, $\frac{1}{4}$ Zoll breit an der Schneide

1 großer Kaltmeißel, $\frac{3}{4}$ Zoll an der Schneide

       (Ein alter Holzschneider eignet sich genauso gut zum Schneiden von Blech.)

3 Nagelsets, jeweils ⅟₁₆ , ⅛ , ³/₁₆ Zoll Durchmesser an der Spitze

> (Diese Nagelsätze können auch als Stempel verwendet oder zu Meißelspitz
> Kleine Meißel und Nagelsätze sind in den 5- und 10-Cent-Läden erhältlic

1 Zimmermannskratzahle

> (Ein Eispickel der gleichen Art reicht auch.)

6 kleine Klammern unterschiedlicher Größe

> (Diese Klemmen sind normalerweise in den 5- und 10-Cent-Läden erhältl

1 Beilpfahl, 9-Zoll-Klinge

> (Nur bei Zulieferbetrieben von Klempnern und Blecharbeitern erhältlic
> kann aus einem 10-Cent-Beil hergestellt werden. Kaufen Sie den Beilp
> leisten können.)

1 Tischbohrmaschine

> (Die Tischbohrmaschine ist für keines der in diesem Buch beschriebene
> aber es ist ein sehr praktisches Werkzeug, das man in der Werkstatt ha
> Werkzeug kann ein Loch immer im rechten Winkel zum Werkstück gebo
> Handbohrmaschine ist für jeden Zweck geeignet, wenn man sich dieses V
> kann.)

**Auslegen und Markieren der Arbeit.** — Bevor man mit der eigentlichen Arbeit an den Dosen beginnt, kann es sinnvoll sein, verschiedene Möglichkeiten in Betracht zu ziehen, bestimmte Maße zu messen und diese Maße auf die Oberfläche der Dose zu übertragen sowie die Arbeit zum Schneiden, Falten usw. anzulegen und zu markieren.

Die für diese Arbeit benötigten Werkzeuge sind wenige und einfache. Für diesen Teil der Arbeit benötigt man lediglich ein Lineal, eine Anreißahle, einen kleinen Anschlagwinkel und ein Paar Federtrenner. Das Lineal kann aus Holz oder Metall sein und sollte mindestens 12 Zoll lang sein und die Zolleinteilung darauf markiert haben. Ein einfacher gerader Maßstab aus hartem Holz, wie er in Grundschulen verwendet wird, eignet sich sehr gut.

PLATTE VI

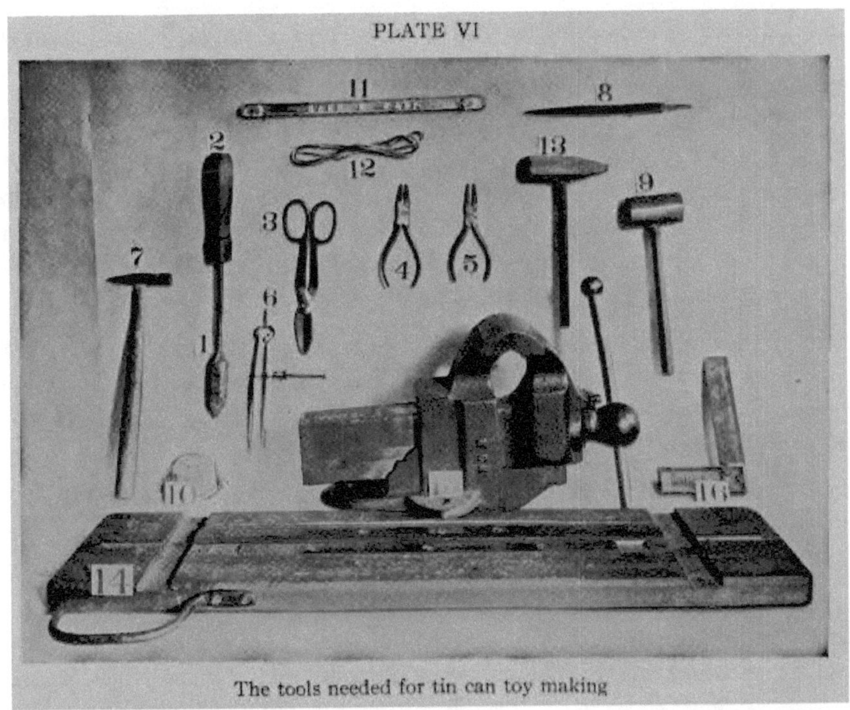


The tools needed for tin can toy making

Die Werkzeuge, die für die Herstellung von Blechdosenspielzeug benötigt werden

Die Markierungsahle kann in jedem guten Werkzeugladen oder Baumarkt gekauft werden, oder ein Eispickel eignet sich sehr gut, wenn er auf eine gute Spitze geschärft wird, so dass mit der Spitze leicht eine Linie in die Oberfläche der Dose geritzt werden kann. Eine große, steife Nadel kann in einen Stiftgriff gedrückt werden, um eine hervorragende Markierungsahle herzustellen, oder eine gewöhnliche Stricknadel aus Stahl kann verwendet werden, wenn die Spitze ausreichend scharf ist. Metallarbeiter ritzen ihre Bemaßungslinien immer in die Metalloberfläche, da Bleistiftlinien bei der Arbeit mit dem Metall leicht von den Händen abgerieben werden.

Der Anschlagwinkel sollte an der Klingen- oder Messseite etwa 15 cm lang sein, vollständig aus Metall bestehen und die Messklinge sollte in Zoll und Bruchteilen davon markiert sein. In den 5- und 10-Cent-Läden kann man häufig gute Probequadrate kaufen, die für diesen Zweck genau genug sind. Die Federteiler sollten etwa 6 Zoll lang sein. Diese Trennwände werden durch die starke Feder oben offen gehalten und durch eine auf das Schraubengewinde wirkende Mutter geöffnet und geschlossen. Kaufen Sie nicht die schweren Teiler oder Zirkel, die üblicherweise von Tischlern verwendet werden, da diese nicht so kleine Anpassungen ermöglichen wie die Federteiler. Die Federteiler sind manchmal in 5- und 10-Cent-Läden zu finden, in guten Baumärkten und Werkzeughäusern jedoch immer.

Alle zum Auslegen und Markieren der Arbeit verwendeten Werkzeuge sind deutlich dargestellt ( Tafel VI ).

**Arbeit auslegen .** — Man sollte bedenken, dass ein wenig Zeit, die man in das sorgfältige Ausmessen, Auslegen und Anzeichnen des Werkes investiert, einen großen Unterschied im fertigen Erscheinungsbild des Werkes macht, sodass diese einfachen Vorgänge nicht vernachlässigt werden sollten.

Beim Anlegen rechteckiger Arbeiten sollte immer das Stahlquadrat verwendet werden: Linien, die rechtwinklig oder „quadratisch" sein sollen. Arbeiten, die nicht sorgfältig angeordnet oder quadratisch sind, passen nicht sauber zusammen, wenn sie überhaupt passen.

Eines der ersten Dinge, die man bei der Arbeit mit Blechdosen tun muss, ist das Zuschneiden eines Stücks Blech, das von der Seite einer Dose genommen und flachgedrückt wird.

Angenommen, ein solches Stück Dose wurde aus einer Dose herausgeschnitten und flachgedrückt, die Kanten eines solchen Stücks Dose sind ziemlich gezackt und das ganze Stück sollte rechtwinklig abgeschnitten werden, bevor versucht wird, die Dose für verschiedene Zwecke zu verwenden.

Platzieren Sie das Lineal zunächst so nah wie möglich am oberen Rand der Dose und so, dass keine der gezackten Schnitte erfasst werden. Halten Sie das Lineal fest und ziehen Sie die Spitze der Markierungsahle am Rand des Lineals entlang, bis eine gerade Linie entlang des Randes der Dose entsteht. Das überschüssige Zinn oberhalb dieser Linie sollte mit der Blechschere von rechts nach links abgeschnitten werden, so dass der schmale und gezackte Zinnstreifen beim Schneiden von der Schere aufgerollt wird, damit er nicht im Weg ist . Wenn das überschüssige Zinn abgeschnitten ist, sollten Sie eine gerade, saubere Kante haben, an der Sie mit den Markierungsarbeiten beginnen können.

**Verwenden des Try Square.** — Als nächstes sollten die beiden Enden des Blechstücks mit dem Winkelstück zum Ausrichten der Enden wie folgt abgewinkelt werden: Legen Sie den schweren, massiven Teil des Quadrats fest gegen die frisch geschnittene gerade Kante der Dose, nahe einem Ende nach innen und zwar so, dass die Klinge des Quadrats mit den darauf markierten Zoll-Einteilungen direkt über der Dose und so nah wie möglich am Ende des Stücks liegt, jedoch ohne die gezackten Schnitte. Die Position des Quadrats ist in Abb. 1 dargestellt .

ABB. 1.

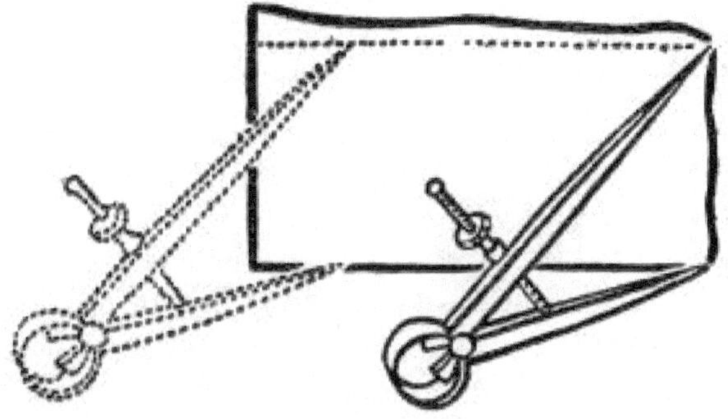

ABB. 2.

Wenn das Quadrat in Position ist, markieren Sie eine Linie auf der Dose, wobei Sie die Ritzahle eng an die Klinge halten. Schneiden Sie die überschüssige Dose weg und Sie haben zwei Seiten Ihres Dosestücks im Quadrat. Verfahren Sie auf die gleiche Weise, um das andere Ende abzuschneiden. Die verbleibende oder lange Seite des Stücks kann entweder mit dem Lineal oder mit den Federteilern rechtwinklig ausgerichtet werden. Der Blechstreifen, den Sie an drei Seiten zurechtgeschnitten haben, wird wahrscheinlich an einem Ende schmaler sein als am anderen. Messen Sie die Breite des schmalen Endes mit dem Lineal und messen Sie dann den gleichen Abstand am gegenüberliegenden Ende ab und markieren Sie ihn mit der Ritzahle. Verbinden Sie mit dem Lineal die beiden Messpunkte und ritzen Sie eine Linie in die Dose, indem Sie mit der Ritzahle entlang der Kante des Lineals ziehen . Schneiden Sie die überschüssige Dose ab und Ihr Stück Dose sollte quadratisch sein.


Die Federteiler können so geöffnet werden, dass die Spitzen genau auf jeder Ecke des schmalsten Endes der Blechstreifen aufliegen. Dann werden die Teiler zum gegenüberliegenden Ende des Streifens bewegt und das untere

Ende oder die untere Spitze der Teiler leicht hin und her bewegt, bis ein leichter Kratzer in der Oberfläche der Dose entsteht, der den Messpunkt anzeigt. Die Position der Teiler ist in Abb. 2 dargestellt . Mit dem Lineal werden die beiden Messpunkte verbunden und eine Linie dazwischen geritzt.

Kleine Blechstreifen können vollständig durch die Trennwände abgegrenzt werden, indem die Trennwände auf die erforderliche Größe eingestellt werden, die Trennwände so platziert werden, dass eine Spitze an einer Kante des abzutrennenden Streifens anliegt, und dann die Trennwände so entlanggezogen werden, dass Die Spitze des Trennstegs, die auf der Dose aufliegt, ritzt eine Linie parallel zum Rand. Der Rand der Dose, an dem die Spitze der Trennstege anliegt, muss natürlich vor Beginn der Markierungsarbeiten gerade geschnitten werden. Der so markierte Streifen kann abgeschnitten und ein weiterer auf die gleiche Weise markiert werden, bis die erforderliche Anzahl an Streifen abgeschnitten ist.

Angenommen, es sollen vier Streifen geschnitten werden, wobei jeder Streifen 2,5 x 25 cm misst. Platzieren Sie ein Stück Blech so, dass es 10 x 25 cm misst. Öffnen Sie die Trennwände so, dass die Punkte genau einen Zoll voneinander entfernt sind. Legen Sie einen Punkt der Trennwände wie in Abb. 2 gezeigt an einen Rand der Dose und ziehen Sie ihn über die gesamte Länge der Dose, um eine Linie parallel zum Rand einzuritzen. Schneiden Sie diesen Streifen ab, achten Sie darauf, einen geraden Schnitt zu machen, markieren Sie dann einen weiteren Streifen und schneiden Sie ihn ab, und so weiter, bis alle vier Streifen abgeschnitten sind. Diese Methode, die Teiler zum Markieren zu verwenden, ist genauer und viel einfacher als die Verwendung eines Lineals zum Abmessen jedes Streifens und sicherlich schneller.

**Radmitten mit den Teilern finden.** — Bei der Herstellung von Rädern aus Blechdosen muss eine einfache Methode verwendet werden, um die Mitte des Rades zu finden, um ein Loch für die Achse zu stanzen oder zu bohren, damit die Achse so nahe wie möglich an der Mitte des Rades platziert werden kann, und damit das Rad nach dem Aufsetzen auf die Achse rund läuft.

Für diesen sehr einfachen Vorgang können die Teiler verwendet werden. Die Dose wird zunächst wie in Kapitel X, Seite 108 beschrieben, in Scheibenform gebracht . Wenn das Rad zusammengelötet ist, legen Sie es flach auf die Werkbank. Öffnen Sie die Trennwände so, dass eine Spitze am Radrand oder am gerollten Rand der Dose anliegt, der den Radrand bildet. Wenn das Rad aus einer Dose besteht, an deren beiden Enden ein Deckel aufgelötet ist und dieser Deckel das Ende der Dose bildet (z. B. bei den kleinen Dosen, die für Kondensmilch verwendet werden), kann der eine Schenkel der Trennwände darin aufliegen die leichte Linie oder Vertiefung direkt innerhalb des Randes, die bei dieser Dose immer zu finden ist. Öffnen Sie die Trennwände so, dass der andere Punkt so nahe an der Mitte liegt, wie Sie es erraten können. Wenn die Teiler auf Maß eingestellt sind und wie in Abb. 3 gezeigt auf dem Rad positioniert sind , bewegen Sie den Punkt der Teiler, der sich in der Nähe der Radmitte befindet, leicht vor und zurück, sodass er einen leichten Bogen beschreibt und ihn zerkratzt in der Oberfläche der Dose und der andere Punkt des Teilers wird während dieses Vorgangs an der Stelle in der Nähe des Radrandes gehalten. Bewegen Sie dann die Teiler direkt über das Rad, immer noch auf die gleiche Abmessung eingestellt, indem Sie einen Punkt an der Felge oder in der vertieften Linie platzieren und wie zuvor einen leichten Bogen in der Dose zeichnen. Stellen Sie die Teiler im rechten Winkel zu den ersten beiden Markierungspunkten auf, wobei die Teiler immer noch auf das gleiche Maß wie beim ersten Mal geöffnet sind, und beschreiben Sie einen weiteren Bogen. Platzieren Sie die Teiler direkt gegenüber diesem Punkt und beschreiben Sie einen weiteren Bogen. Das Rad sollte dann wie in Abb. 4 aussehen , wobei die vier Bögen wie gezeigt eine Art Kissenform bilden. Zeichnen Sie Linien diametral über die einzelnen Ecken des Kissens, wie gezeigt, und wo sich diese Linien kreuzen, befindet sich die Mitte des Rades.

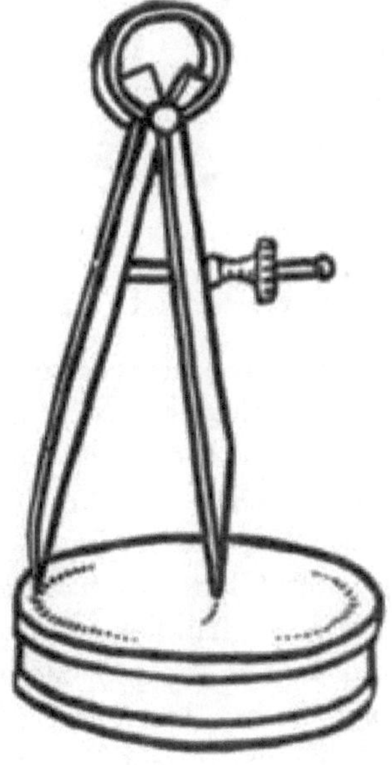

ABB. 3.

Wenn man das Glück hat, über ein Werkzeug namens Oberflächenlehre zu verfügen, ist es sehr praktisch, Linien parallel zum Dosenboden zu markieren oder anzureißen. Dieses Werkzeug besteht aus einer Basis aus Metall, in der ein aufrechter Pfosten ebenfalls aus Metall befestigt ist. An diesem Pfosten ist eine verstellbare Reißnadel oder Nadel befestigt, so dass sie je nach

Wunsch abgesenkt oder angehoben und in die gewünschte Position gebracht werden kann. Die Spitze wird auf die erforderliche Höhe eingestellt und an der Seite der Dose oder der zu markierenden Oberfläche platziert, wobei der Vorgang auf einer ebenen, ebenen Oberfläche durchgeführt wird. Die Dose wird einfach gegen die feste Anreißspitze gedreht, bis sie vollständig rundherum markiert ist. Der Vorteil der Oberflächenlehre gegenüber den Trennstegen für diesen Vorgang besteht darin, dass die Anreißspitze starr auf einem festen Abstand über dem Dosenboden gehalten wird, während die Trennstege mit der Hand fest an Ort und Stelle gehalten werden müssen. Mit ein wenig Übung eignen sich die Teiler jedoch sehr gut für diesen Vorgang.

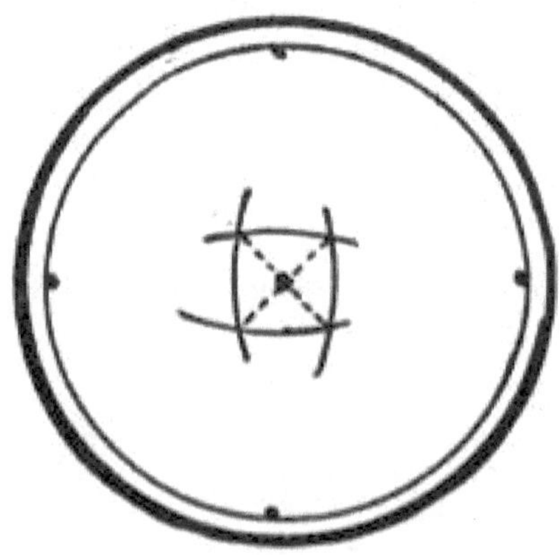

ABB. 4.

## SHOP-GERÄTE

**Selbstgemachter Ersatz für teure Werkzeuge.** — Das wichtigste Werkzeug in jeder Metallbearbeitungswerkstatt ist ein guter Schraubstock. Es gibt keinen Ersatz für dieses Werkzeug und ein gutes Werkzeug mit einer Backenbreite von 8 bis 8,5 cm sollte bei einem zuverlässigen Werkzeughändler gekauft werden. Das nächste wichtige Werkzeug ist eine Art Amboss oder Ambosse zum Glätten oder Runden der Dose. Ein kleiner Tischamboss kann beim Werkzeughändler erworben werden. Diese ähneln einem Schmiedeamboss mit flacher Schlagfläche und konischem Horn und bestehen aus Eisen und Stahl. Die großen Versandhäuser bieten verschiedene kleine Ambosse aus Gusseisen für den landwirtschaftlichen Gebrauch an, die sich hervorragend für die Blechbearbeitung eignen.

Ein hervorragender Ersatz für diese Ambosse lässt sich leicht aus alten Flacheisen und Teilen von Gas- oder Wasserleitungen herstellen. Über jedem Müllhaufen können kurze Stücke Eisen- und Stahlstangen aufgesammelt werden, die sehr nützlich sind, um die Dose darüber zu formen.

*Der flache Eisenamboss.* — Ein altes Glätteisen, eines mit angebrachtem Griff, ist in fast jedem Haushalt zu finden. Der Griff sollte so nah wie möglich an der Oberseite des Bügeleisens abgebrochen werden. Benutzen Sie dazu einen Hammer und einen Kaltmeißel und schneiden Sie die Griffenden an der Verbindungsstelle zum Eisen rundherum tief ein. Wenn sie tief eingekerbt sind, sollte der Griff durch mehrere kräftige Schläge mit einem großen Hammer abbrechen.

Feilen Sie alle Unebenheiten ab, bis das Bügeleisen auf gleicher Höhe mit der glatten bzw. Bügelfläche nach oben liegt. Dann haben Sie eine ausgezeichnete ebene, harte Oberfläche zum Glätten von Zinn oder Draht.

*Rohr- und Stangenambosse.* — Kurze Längen von Eisenrohren sowie runde und quadratische Eisen- und Stahlstangen mit verschiedenen Durchmessern können in den Schraubstockbacken gehalten und zum Formen des Werkstücks verwendet werden. Zu diesem Zweck können auch große Drahtnägel verwendet werden.

Die kleineren Größen, wie z. B. ¼, ⅜ oder ½ Zoll Durchmesser, sollten aus massiven Eisen- oder Stahlstangen mit einer Länge von 8 oder 10 Zoll bestehen, da kleine Rohre im Schraubstock relativ leicht zerdrückt und verbogen werden. Größere Größen wie ¾, ½, 1 oder 2 Zoll Durchmesser werden besser aus Rohr hergestellt, da sie leichter und einfacher zu handhaben und auch einfacher zu beschaffen sind.

Besorgen Sie sich nach Möglichkeit alle empfohlenen Größen und so viele kurze Stücke quadratischer oder flacher Stangen, wie Sie bequem im Laden verstauen können. Sie sind sehr nützlich für Biege- oder Umformvorgänge. Die Art und Weise, sie im Schraubstock zu halten, ist auf Seite 89, Abb. 26 deutlich dargestellt.

Wenn Sie viel Platz auf der Werkbank haben und gut mit Werkzeugen umgehen können, können einige der am häufigsten verwendeten Rohr- und Stangengrößen mit Holz- oder Metallhaltestreifen direkt an der Werkbank festgeklemmt oder angeschraubt werden. Die größeren Größen wie ¾, 1, 1½, 2 und 3 Zoll Durchmesser sind sehr praktisch, wenn sie auf diese Weise an der Bank befestigt werden.

*Die Bank.* — Die Werkstattbank sollte etwa 31 Zoll hoch sein. Die Oberseite der Bank sollte nach Möglichkeit etwa 2½ mal 6 Fuß oder größer sein und kann von jedem, der mit Werkzeugen vertraut ist, problemlos gebaut werden. Die Decke sollte aus Ahorn mit einer Dicke von etwa 1½ Zoll bestehen. Wenn man sich diese Bank nicht leisten kann, ist ein gewöhnlicher Küchentisch ein hervorragender Ersatz. Einen guten, stabilen Tisch dieser Art kann man in jedem Einrichtungsgeschäft kaufen. Diese Tische sind mit einer großen Schublade ausgestattet, in der kleine Werkzeuge aufbewahrt werden können.

Wenn ein Großteil der Blecharbeiten erledigt ist, erweist es sich als vorteilhaft, an den Wänden des Ladens einige leichte Holzregale oder Gestelle anzubringen, um die unterschiedlich großen Dosen gut sichtbar und leicht zu erreichen aufzubewahren.

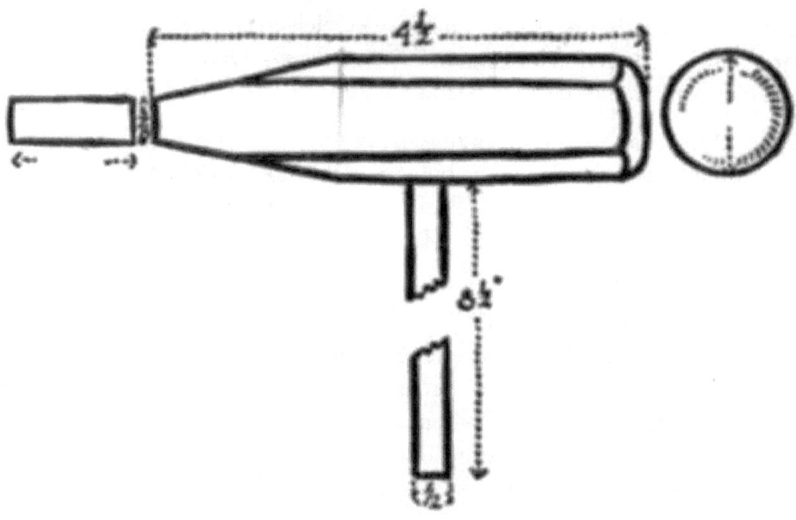

ABB. 5.

*Der Formhammer* . — Der vom Autor entworfene spezielle Formhammer muss angefertigt werden. Es wurde speziell für die Arbeit mit Blechdosen entwickelt. Es ist sehr einfach und kann von jedem Schreiner problemlos aus Ahorn hergestellt werden. Ein Ende hat eine leicht abgerundete Kuppelform und das andere hat die Form eines stumpfen Keils. Die Abmessungen und die allgemeine Form des Hammers sind in Abb. 5 dargestellt . Der Griff kann aus einem Stück einer ½-Zoll-Dübelstange bestehen. Als Ersatz für diesen Hammer kann ein Stück Besenstiel verwendet werden, dessen Ende bereits etwa auf die richtige Krümmung abgerundet ist. Messen Sie 4½ Zoll vom abgerundeten Ende des Besenstiels ab und sägen Sie ihn ab. Bohren Sie ein ½-Zoll-Loch durch die Mitte des Teils, damit es in das für den Griff verwendete Stück Dübelstange passt. Schneiden Sie das Ende zu einem stumpfen Keil ab und lassen Sie es am Ende etwa einen Zentimeter dick. Das abgerundete Ende kann so belassen werden.

Ein Stück ½-Zoll-Ahornholzdübel kann in jeder Tischlerei abgeholt werden. Dieser sollte 8½ Zoll lang sein. Es sollte in das dafür gebohrte Loch im Hammer getrieben werden, wobei darauf zu achten ist, dass der Hammer dabei nicht splittert. Wenn der Besenstiel einen eher kleinen Durchmesser hat, wäre es wahrscheinlich besser, ein Stück ⁷/₁₆- oder ³/₈ -Zoll-Dübel für den Stiel zu verwenden. Ein kleiner Nagel oder Nagel kann durch den Hammer und den Griff getrieben werden, um ihn an Ort und Stelle zu befestigen.

---

# KAPITEL III
## Einen Keksausstecher aus einer kleinen Dose herstellen

**Die Dose auf die richtige Größe für einen Keksschneider zuschneiden – ein Loch in die Dose stanzen – den Griff formen – falten – mit der gleichen Methode einen Zuckerlöffel herstellen**

Ein Keksausstecher ist so ziemlich das einfachste, was man aus einer Blechdose herstellen kann. Es ist zunächst einmal eine hervorragende Sache, da es so einfach ist und drei sehr wesentliche Vorgänge bei der Arbeit mit der Blechdose erfordert: das Zuschneiden der Dose, das Formen des Griffs und schließlich das Löten (siehe Tafel VII, a ).

Wählen Sie eine gute, helle, saubere Dose mit einem Durchmesser von etwa 2½ Zoll; Eine Backpulverdose oder eine kleine Suppendose reichen aus.

Blechdosen werden normalerweise auf zwei Arten hergestellt. Eine Methode besteht darin, Flanschenden anzulöten, beispielsweise bei Kondensmilchdosen oder Kondensmilchdosen, und die andere Methode besteht darin, die Ränder der Dose an jedem Ende zusammenzurollen, ohne dass Lötmittel verwendet wird. Bei genauem Hinsehen sind die beiden unterschiedlichen Dosentypen leicht zu unterscheiden. Für den Keksausstecher sollte eine Dose mit gerolltem Rand verwendet werden, da diese stabiler ist als die Dose mit den verlöteten Enden.

PLATTE VII

Biscuit cutters made by the author

Soldering

Keksausstecher vom Autor

Löten

**Zuschneiden der Dose für Keksschneider .** — Der Keksausstecher sollte an der Schneidekante etwa ¾ Zoll tief sein. Stellen Sie die Trennwände auf dieses Maß ein und zeichnen Sie eine Linie um die Dose parallel zum Boden und ¾ Zoll über dem gerollten Rand des Bodens. Dieser einfache Anreißvorgang wird in Kapitel I, Seite 22 beschrieben .

Die Methode zum Einschneiden in die Dose und um die geritzte Linie herum ist sehr einfach und wird ebenfalls in Kapitel I beschrieben .

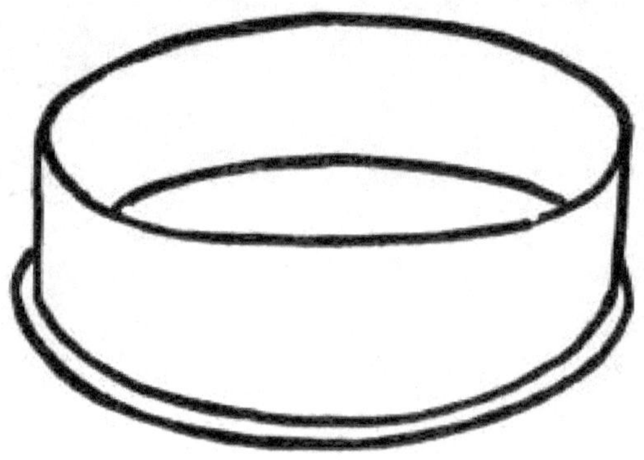

ABB. 6.

Wenn Sie die Dose auf das erforderliche Maß zugeschnitten haben, sollte sie wie in Abb. 6 dargestellt aussehen . Der Keksausstecher kann nach dem Schneidvorgang leicht verformt sein. Dies kann jedoch leicht behoben werden, indem man den Keksausstecher auf einen kleinen runden Amboss legt, der im Schraubstock gehalten wird, und indem man mit einem flachen Holzhammer vorsichtig darauf klopft und den Ausstecher langsam herumdreht auf dem Amboss während des Hämmerns, wie in Abb. 7 gezeigt . Achten Sie darauf, den Ausstecher langsam um den Amboss herum zu drehen, während er mit dem Hammer geschlagen wird. Durch leichtes Hämmern wird es bald rund.

Nehmen Sie als Nächstes eine kleine flache Feile mit sehr feinen Zähnen, die üblicherweise als Glattfräsfeile bezeichnet wird, und glätten Sie damit alle Unebenheiten, die die Metallschere an der Kante des Keksausstechers hinterlassen hat. Die Methode zur Verwendung der Datei ist in Abb. 8 dargestellt . Beim Feilen sollte es leicht gegen das Werkstück gedrückt werden. (Versuchen Sie niemals, ein Stück Dose mit einer großen oder grob gezahnten Feile zu feilen, da sich die groben Zähne an der Dose festsetzen und sie zerreißen oder aus der Form bringen.)

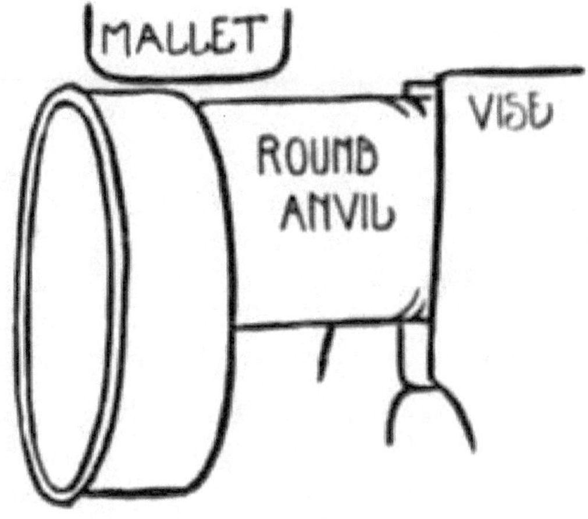


ABB. 7.

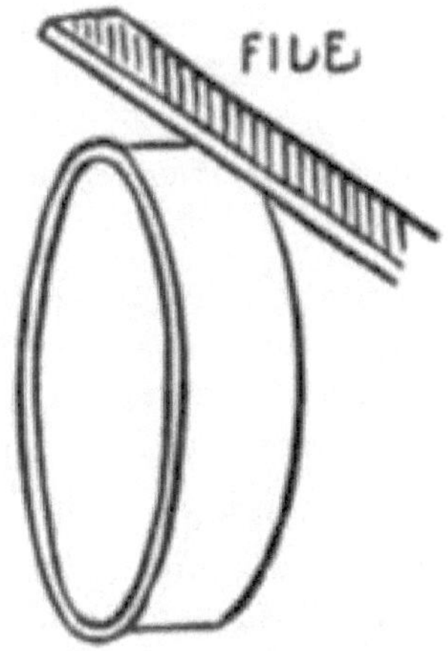


ABB. 8.

Versuchen Sie nicht, die Schneide des Messers auf eine messerfeine Schneide zu feilen; Feilen Sie einfach das Metall ab, das beim Schneiden von der Schere angehoben wird. Wenn es sauber geschnitten und auf die ursprüngliche Dicke der Dose gefeilt wird, lässt es sich Keksteig sehr gut schneiden, da die Dose dünn ist.

**Blech stanzen .** — In die Oberseite des Keksausstechers sollte ein Loch gestanzt werden, um Luft hereinzulassen, da der Keksteig durch das entstehende Vakuum leicht im Ausstecher kleben bleibt, sofern keine Entlüftungsöffnung vorhanden ist. Ein kleines Loch mit einem Durchmesser von etwa ⅛ Zoll reicht aus, bei Bedarf kann jedoch auch eine Reihe solcher Löcher gestanzt werden.

Ein Locher kann aus einem Drahtnagel gefeilt werden oder es kann ein normaler Locher oder ein Nagelsatz verwendet werden.

Der Keksausstecher wird über das Ende eines Holzblocks gelegt, der in einem Schraubstock gehalten wird, wie in Abb. 9 gezeigt , und zwar so, dass die Oberseite des Ausstechers direkt auf dem Holz aufliegt. Der Stempel wird in der Mitte des Fräsers platziert, wobei darauf zu achten ist, dass der Holzblock die Dose direkt unter dem Stempel trägt, und dann wird der Stempel leicht mit dem Hammer geschlagen, bis er die Dose durchschneidet.

Es kann sinnvoll sein, den Schlag an einem Stück Blech auszuprobieren, um ihn zu testen. Es sollte ein sauberes rundes Loch entstehen. Der Stempel schneidet eine winzige Zinnscheibe aus und treibt sie in das Holz. Zum Anstanzen sollte immer das Hirnholz eines Holzblocks verwendet werden.

Wenn ein Nagel zum Stanzen verwendet wird, sollte die ursprüngliche Spitze weggefeilt werden. Nagelspitzen werden normalerweise in Form einer quadratischen Pyramide hergestellt und wenn diese Spitzen in ein Stück Zinn getrieben werden, entsteht ein gezacktes Loch; Ein solches Loch kann für die Herstellung einer Küchenreibe verwendet werden, alle anderen Löcher sollten jedoch rund und glatt sein.

Um einen Nagel für einen Schlag zu feilen, gehen Sie wie folgt vor: Platzieren Sie den Nagel senkrecht in den Schraubstockbacken, sodass die Spitze leicht über die Backen hinausragt. Feilen Sie die Spitze vollständig weg, bis Sie den gesamten Durchmesser des Nagels genau darüber gefeilt haben.

Reduzieren Sie dann den Durchmesser des Nagels an dem Ende, an dem Sie gefeilt haben, indem Sie ihn glatt umrunden, wie in $A$ , Abb. 10 gezeigt . Stellen Sie sicher, dass die Kante $B$ sauber und scharf ist und der Nagelstanzer einsatzbereit ist. Der für einen Schlag verwendete Nagel sollte immer einen etwas größeren Durchmesser als die Schlagstelle haben, da dies zu einem stärkeren Schlag führt und die Wahrscheinlichkeit geringer ist, dass er sich verbiegt. Normale Schläge sind in der Regel am Körper viel dicker ausgeführt als an der Spitze, wie man leicht erkennen kann, wenn man sich einen solchen Schlag ansieht. Falls gewünscht, können aus Nägeln leicht Stanzen hergestellt werden, um runde, quadratische oder dreieckige Löcher zu schneiden.

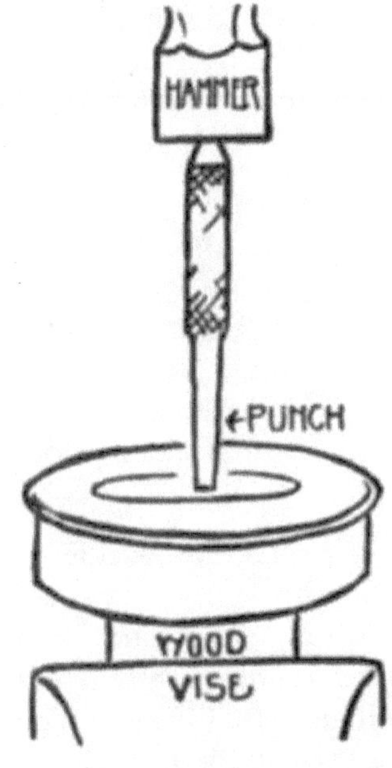



ABB. 9.

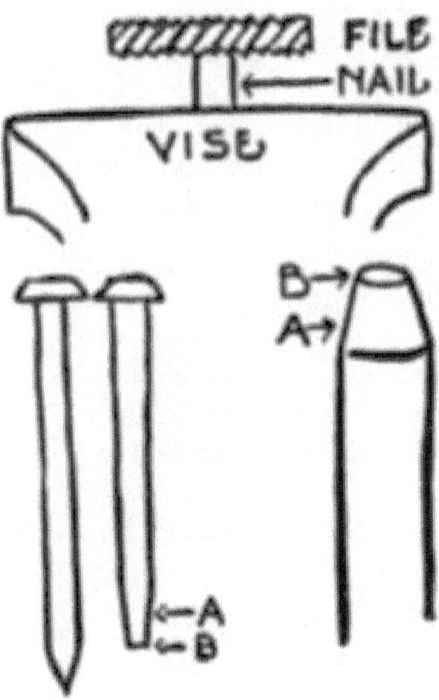



ABB. 10.

oder 5- und 10-Cent-Laden erhältlich sind . Mehrere verschiedene Größen
werden sich als nützlich erweisen, wobei ⅟₁₆ , ⅛ , ³/ ₁₆ Zoll im Durchmesser

die am häufigsten verwendeten Größen sind. Da diese Stempel aus gehärtetem Stahl bestehen, behalten sie ihre Kanten lange. Nägel bestehen jedoch aus relativ weichem Stahl und müssen bei der Verwendung als Stempel häufig scharf gefeilt werden.

**Den Griff formen .** — Nachdem das Loch oben in den Keksausstecher gestanzt ist, wird als nächstes ein passender Griff angefertigt. Dieser Griff kann aus dem Stück Blech hergestellt werden, das beim Ausschneiden der Dose für den Keksausstecher weggeschnitten wird. Schneiden Sie alle rauen oder gezackten Kanten ab, legen Sie dieses Stück Blech dann auf die Bank oder eine flache Ambossoberfläche und glätten Sie es mit leichten Hammerschlägen. Starke Schläge mit einem Holzhammer führen zu einer Delle in der Dose.

Schneiden Sie alle rauen Kanten ab, einschließlich der gerollten Kante oben, und richten Sie das Stück Blech wie auf Seite 34, Kapitel II beschrieben aus . Markieren Sie einen Streifen Blech mit einer Breite von 1¼ Zoll und einer Länge von 4 Zoll. Schneiden Sie diesen Streifen aus und achten Sie darauf, dass er an den Enden quadratisch ist. Öffnen Sie die Trennwände, stellen Sie die Trennpunkte auf einen Abstand von ¼ Zoll ein und zeichnen Sie eine Linie von ¼ Zoll in jede der Längsseiten des Streifens. Die so markierten Kanten des Blechstreifens müssen umgedreht oder gefaltet werden, damit die Kanten des Griffs gestärkt werden und die Hand nicht verletzt wird. Diese Kanten können mit einem Hammer oder mithilfe einer Falzmaschine umgefaltet werden. Für diesen ersten Faltvorgang sollte der Hammer verwendet werden; Die Faltmaschine und ihre Verwendung werden weiter unten im Buch, Seite 120, Kapitel XI , beschrieben .

Um die Kanten mit dem Holzhammer umzuschlagen, gehen Sie wie folgt vor: Befestigen Sie einen Block Hartholz, vorzugsweise Ahorn, mit einer Seitenlänge von etwa 7,5 cm im Quadrat und einer Länge von 15 cm. Achten Sie darauf, dass der Block sauber und rechtwinklig geschnitten wird, sodass die Kanten am Ende scharf und rechtwinklig sind. Ein Ahornblock dieser Art kann normalerweise in jedem Holzplatz oder in einer Schreinerei abgeholt werden, oder ein Ahornstamm kann vom Holzstapel genommen und quadratisch zurechtgeschnitten werden. Ein Ende des Blocks kann zum Anstanzen verwendet werden.

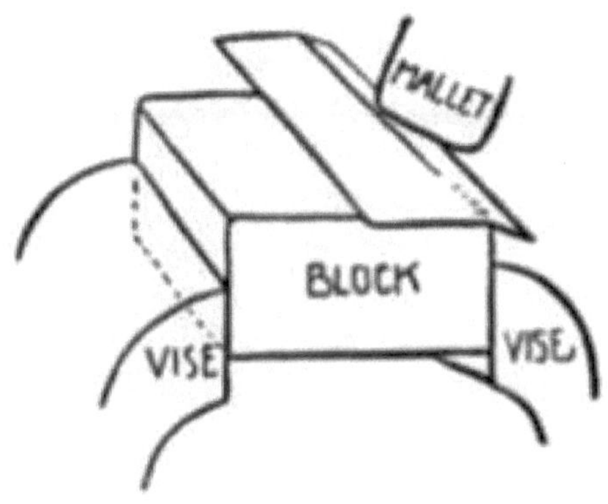


ABB. 11 *a* .

ABB. 11 *b* .

Der Block wird im Schraubstock gehalten, wie in Abb. 11 dargestellt , und die zu faltende Dose wird so auf dem Block gehalten, dass die Linie, die die Falte markiert, über der Kante des Blocks liegt. Verwenden Sie entweder einen leichten Holzhammer oder den speziellen Formhammer und biegen Sie mit leichten Schlägen an der Kante nach unten und bis zur Linie, wie in Abb. 11 , *a dargestellt* . Beginnen Sie an einem Ende und arbeiten Sie sich entlang der Linie bis zum anderen Ende des Blechstreifens vor. Versuchen Sie nicht, die Dose auf einmal oder an einer Stelle im rechten Winkel nach unten zu drehen und sie dann an einer anderen Stelle nach unten zu drehen, sondern hämmern Sie stattdessen leicht an der Markierungslinie entlang der gesamten Länge und drehen Sie die Dose dabei in einem leichten Winkel nach unten Ziehen Sie die Linie bis zum Rand, gehen Sie dann zurück und beginnen Sie mit dem Hämmern dort, wo Sie begonnen haben, drehen Sie die Dose in einem größeren Winkel nach unten und so weiter, bis Sie den Rand im rechten Winkel gedreht haben, wie in Abb. 11 , *b* gezeigt . Biegen Sie die Dose immer sehr vorsichtig und gleichmäßig um und drücken Sie sie niemals mit Gewalt an ihren Platz.

ABB. 12.

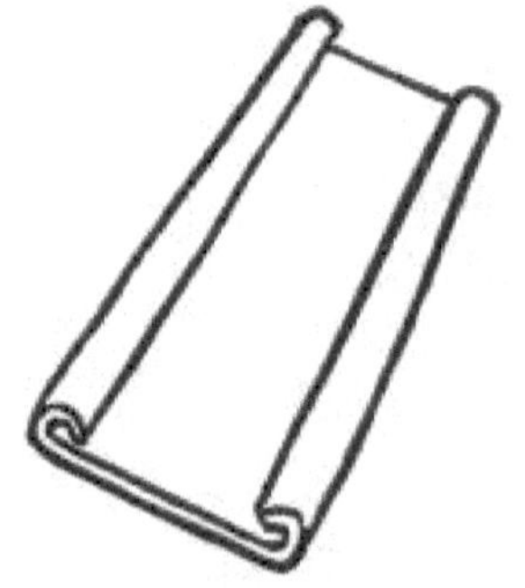

ABB. 13.

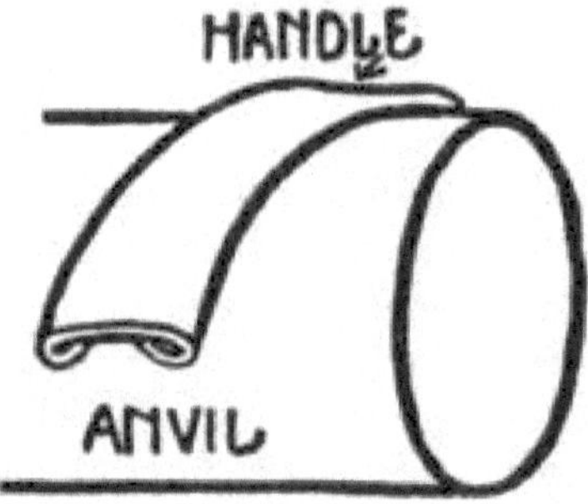


ABB. 14.

Drehen Sie den Blechstreifen auf dem Block um, so dass der gerade gefaltete Teil senkrecht am Rand des Blocks steht, wie in Abb. 12 gezeigt . Schlagen Sie vorsichtig auf den Rand der Dose, so dass sie sich wieder zusammenfaltet, wie die gestrichelte Linie in Abb. 12 zeigt .

Schlagen Sie die Dose nicht fest an der Faltkante fest, damit sie trotz der Faltung dünn und scharf wird. Es sollte abgerundet sein, um eine abgerundete Kante zu erhalten. Eine abgerundete Falte ist viel stärker als eine scharfe, dünne. Wenn eine Kante vollständig umgeklappt ist, falten Sie die andere auf die gleiche Weise nach unten, sodass beide Kanten des Griffs für den Keksausstecher wie in Abb. 13 aussehen .

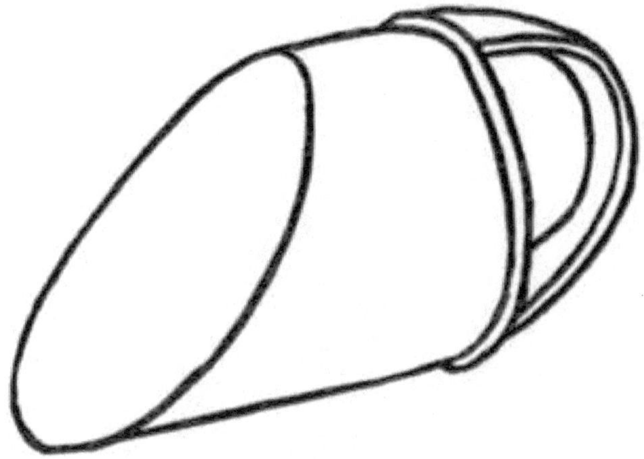

ABB. 15.

Wenn Sie die Kanten zu Ihrer Zufriedenheit erfolgreich umgedreht oder gefaltet haben, geben Sie dem gesamten Griff eine halbkreisförmige Form.

Legen Sie einen großen runden Holzhammer oder ein Stück 1½- oder 2-Zoll-Rohr in den Schraubstock, um es als Form zum Abrunden des Griffs zu verwenden. Der gefaltete Teil sollte sich innerhalb oder neben der in Abb. 14 gezeigten Hammer- oder Rohrform befinden . Drücken Sie die Dose mit der Handfläche auf die Form, sodass sie rund wird. Auf diese Weise kann es vollständig in Form gebracht werden oder mit dem abgerundeten Ende des speziellen Formhammers in Form gehämmert werden, falls die Dose beim Biegen knicken sollte. Die Hammerschläge sollten auf die Mitte des Streifens gerichtet sein, um die Kanten nicht zu stark zu verdünnen.

Runden Sie den Griff ab, bis die Enden innerhalb des gerollten Randes der Dose oder des Keksausstechers liegen und Sie bereit sind, den Griff festzulöten.

Da das Löten der wichtigste Teil der Zinnarbeiten ist, sind ihm die nächsten beiden Kapitel gewidmet.

**Die Zuckerschaufel.** – Ein nützlicher Zucker- oder Mehllöffel lässt sich leicht aus einer kleinen oder großen Dose herstellen, und zwar genau auf die gleiche Weise wie der Keksausstecher, nur dass die Dose schräg statt quadratisch abgeschnitten wird, Abb. 15 . Die Ränder des Löffels sollten nicht umgedreht oder gefaltet werden, sondern so belassen werden, wie sie geschnitten sind, sodass eine scharfe Schnittkante entsteht, die leicht in

Zucker oder Mehl eindringen kann. Der Griff ist genauso geformt wie der Keksausstecher.

---

# KAPITEL IV
## LÖTEN

**Weichlot – Zinnblech – der Prozess des Lötens – Heizgerät – elektrisches Lötkupfer – das übliche Lötkupfer – Flussmittel – Verzinnen des Kupfers – Erhitzen**

**Weichlot .** — Wenn zwei oder mehr Metallstücke mit einem metallischen Kitt zusammengefügt werden, spricht man von einer Verlötung.

Zinnblech, aus dem Dosen hergestellt werden, wird immer mit Weichlot gelötet, einer Mischung aus Blei und Zinn, normalerweise 50 Prozent. Blei und 50 Prozent. Zinn.

Dieses Lot wird normalerweise in Draht- oder Stangenform in jedem Eisenwaren- oder Elektrofachhandel geliefert.

Kupfer, Messing, Bronze, Eisen, Silber, Gold und praktisch jedes Metall außer Aluminium können mit Weichlot gelötet werden.

**Blech .** — Das sogenannte Blechblech besteht eigentlich aus einem dünnen Eisenblech, das auf beiden Seiten mit Zinn beschichtet ist. Diese Zinnbeschichtung dient mehreren Zwecken. Dadurch kann das Lot leicht haften; es verhindert, dass das Eisen rostet; Und wenn das Blech zu einer Dose verarbeitet wird, schützt die Zinnbeschichtung den Inhalt der Dose vor chemischen Einwirkungen auf das Eisen.

**Der Prozess des Lötens.** — Weichlot wird im geschmolzenen Zustand auf das zu lötende Metall aufgetragen und dieser Vorgang erfordert erhebliche Hitze. Wenn Hitze auf Metall einwirkt, oxidiert es normalerweise; das heißt, es verschmutzt es.

Lot haftet nicht an oxidiertem Metall. Das Metall muss beim Löten mit einer Beschichtung namens Flussmittel geschützt werden. Als Flussmittel dienen Lötpaste, Lötflüssigkeit oder „abgetötete Säure", Harz, Paraffin, Schweröle und Vaseline , manche besser als andere. Die Lötpaste ist mit Abstand die beste, wie sich später zeigen wird.

Auf das Zinn wird Weichlot auf die Spitze eines heißen Lötkolbens aufgetragen, der oft fälschlicherweise als „Lötkolben" bezeichnet wird. Ein Lötkupfer besteht aus einem spitzen Kupferstab, der passend an einem Eisenschaft befestigt ist, der fest in einem Holzgriff sitzt. Die Kupferspitze muss gut mit Lot überzogen oder „verzinnt" sein, damit sie beim Erhitzen das Lot aufnimmt und zur Lötstelle transportiert.

Das heiße, mit Lot beladene Kupfer wird langsam an der Lötstelle entlang geführt, und wenn das zu lötende Zinn ausreichend Wärme vom Kupfer erhält, verlässt das Lot das Kupfer, haftet am Zinn und verbindet es fest.

**Heizgerät .** — Eine Art Heizgerät ist erforderlich, um das Lötkupfer zu erhitzen und auf dem Schmelz- oder Fließpunkt des Lots zu halten. Das Kupfer kann in einem Gasofen erhitzt werden, der speziell zum Löten von Kupfer hergestellt wurde, oder über einem gewöhnlichen Gasbrenner oder einem herkömmlichen Ölofen mit blauer Flamme, oder einem Holzkohlefeuer, einem bis zur Glut heruntergebrannten Holzfeuer oder einem Benzinbrenner eines Klempners. aber niemals in einem Kohlefeuer. Kohle enthält zu viel Schwefel , der das Kupfer oxidiert und es für Lötzwecke unbrauchbar macht.

**Der Blue Flame-Ölofen .** — Um das Kupfer in meinem Laden auf dem Land zu erhitzen, verwende ich einen Ölofen mit blauer Flamme, einer der günstigeren Sorte, mit Asbest-Ringdocht und kurzen abnehmbaren Schornsteinen. Der Ofen verfügt über zwei Brenner und heizt vier bis sechs Kupferkessel gleichzeitig. Die Flammen lassen sich gut regulieren, um genau die erforderliche Wärmemenge abzugeben. Außerdem verbraucht dieser Ofen sehr wenig Kerosin und ist daher kostengünstig im Betrieb. In Abb. 16 ist zu erkennen, dass sich über jedem Ofenloch eine gebogene Haube befindet. Diese Hauben können leicht aus einem Teil einer großen Dose oder aus einem in Form gebogenen Stück Blech oder Eisenblech hergestellt werden. Diese Hauben speichern die Wärme und leiten sie an die Kupferrohre weiter. Außerdem lege ich ein Stück dickes Drahtgeflecht über das Gitter der Ofenlöcher, um die Kupferdrähte zu stützen und sie beiseite zu legen, damit sie nicht der starken Hitze ausgesetzt sind, wenn sie nicht sofort benötigt werden.

Der Ölofen mit blauer Flamme ist die zufriedenstellendste Vorrichtung zum Erhitzen von Kupfer, die ich jemals im Land verwendet habe. Diese Öfen sind pflegeleicht und werden von fast jedem verstanden. Die Anweisungen sollten neben dem Ofen festgenagelt und sorgfältig befolgt werden, insbesondere hinsichtlich der Reinigung der Brenner ein- oder zweimal pro Saison.

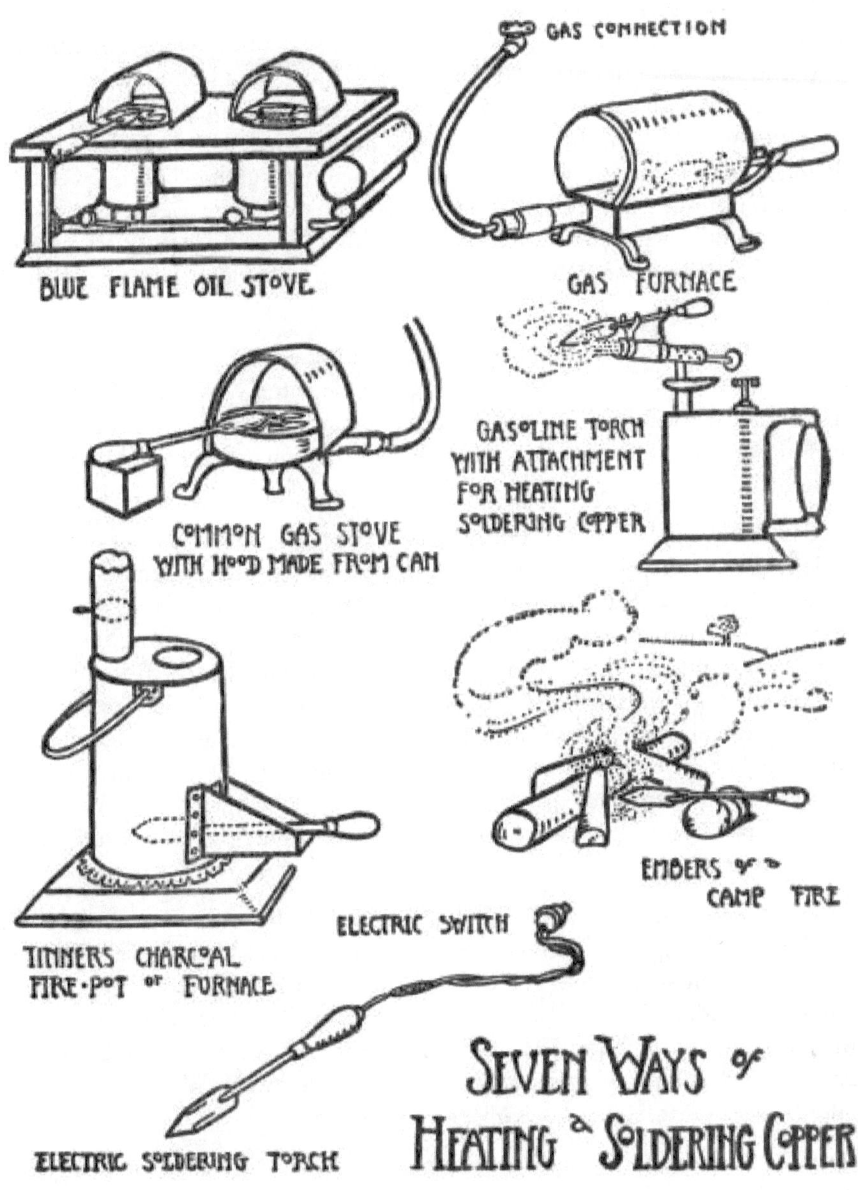


ABB. 16.

**Die Benzinfackel .** — Der Benzinbrenner des Klempners wird oft von erfahrenen Metallarbeitern zum Erhitzen von Kupfer verwendet. In unerfahrenen Händen ist diese Fackel eine eher gefährliche Angelegenheit.

Es darf jeweils nur ein Kupfer erhitzt werden, und es ist schwierig, das Kupfer in der heftig tosenden Flamme nicht zu überhitzen. Sowohl die Kosten für den Brenner als auch die Betriebskosten sind höher als bei einem Petroleumofen mit blauer Flamme. In erfahrenen Händen ist es jedoch sicher genug und sehr nützlich im Geschäft. Bei der Verwendung einer solchen Taschenlampe sollten die Anweisungen sorgfältig befolgt werden. Alle Verbindungen, Einfüllöffnungen usw. müssen beim Betrieb luftdicht sein, andernfalls kann es zu einem verheerenden Brand oder einer Explosion kommen. Die winzige Düsenöffnung im Brenner muss sauber gehalten werden.

**Der Gasofen .** — In meinem Wintergeschäft in der Stadt, wo Gas verfügbar ist, verwende ich den in Abb. 16 gezeigten Gasofen . Dies ist ein äußerst zufriedenstellendes und am häufigsten verwendetes Heizgerät zum Löten von Kupfer, da es eine intensive blaue Flamme erzeugt, die leicht reguliert werden kann.

Bei der Verwendung eines Heizgeräts dieser Art muss darauf geachtet werden, dass es richtig angezündet wird, da sonst eine rauchgelbe Flamme entsteht. Um eine blaue Flamme zu erzeugen, muss Luft mit dem Gas vermischt werden; Genauso wie es auch bei einem Bunsenbrenner oder einem gewöhnlichen Gasherd der Fall ist. Durch eine kleine Düse am Ende des Mischkamins in der Nähe des Gummischlauchanschlusses wird Gas in den Ofen eingelassen. Luft wird in den Schlitz unter der Gasdüse eingelassen; Ein beweglicher Schieber umgibt den Mischkanal über dem Schlitz, um die eingelassene Luftmenge zu steuern. Dieser Schieber muss über der Entlüftungsöffnung fest verschlossen sein, wenn das Gas zum ersten Mal eingeschaltet wird.

Um den Heizer anzuzünden, schließen Sie den Lufteinlass fest, drehen Sie das Gas auf Vollgas und halten Sie ein brennendes Streichholz an den Brenner. Es entsteht eine gelbe Flamme. Öffnen Sie nun langsam die Entlüftung, indem Sie den Schieber ein Stück nach vorne schieben. Wenn Luft zugeführt wird, verändert sich die Farbe der Flamme von gelb zu blau und violett. Wenn die Flamme blau ist, gibt sie die meiste Wärme ab und ist in der besten Verfassung, das Kupfer zu erhitzen.

Wenn die Flamme zurückschlägt und das Gas an der Messingdüse über dem Lufteinlass entzündet, sollte das Gas abgestellt werden, bis die Flamme erlischt. Dann wird der Lufteinlass geschlossen, das Gas eingeschaltet und angezündet und dann wird der Lufteinlass langsam geöffnet, bis die Flamme blau wird. Wenn der Ofen in Betrieb ist, sollte er gelegentlich überprüft werden, um sicherzustellen, dass die Flamme nicht zurück zur Düse geschossen ist. Sobald die Beleuchtung zufriedenstellend ist, kann die Heizung je nach Bedarf hoch- oder runtergedreht werden. Wenn die Flamme sehr niedrig eingestellt ist, muss der Lufteinlass möglicherweise etwas geschlossen werden, um ein Zurückschlagen der Flamme zu verhindern. Das Kupfer wird auf die dafür vorgesehene Auflage über der Flamme gelegt. Nachdem das Kupfer bis zum Fließpunkt des Lots erhitzt wurde, kann die Flamme heruntergedreht oder das Kupfer auf eine Seite der Flamme gelegt werden, damit es nicht zu heiß wird.

**Holzkohle- und Holzfeuer .** — Bei Verwendung von Holzkohle oder Holzfeuer sollte das Kupfer unten in die Glut gelegt werden. Kleine Holzkohleöfen zum Erhitzen von Lötkupfern können beim Händler für Klempnerbedarf gekauft werden. Holzkohle sollte nicht in einem geschlossenen Raum verbrannt werden, da die Dämpfe tödlich sind, sofern nicht ausreichend und ständig wechselnde Luft vorhanden ist. Diese Öfen können ohne Gefahr an einen Schornstein angeschlossen oder in einem Raum mit geöffneten Fenstern betrieben werden.

Ein Lötkupfer kann in der glühenden Glut eines Lagerfeuers oder in der Glut eines Kamins erhitzt werden.

**Elektrische Lötkupfer .** — Das elektrisch erhitzte Kupfer eignet sich ideal zum Löten, da die Heizspirale im Kupfer selbst eingeschlossen ist, der Draht durch den Griff verläuft und an eine gewöhnliche elektrische Lampenfassung angeschlossen wird. Die Hitze wird auf einem geeigneten Niveau gehalten, um das Lot zu schmelzen. Daher ist es ein ideales Gerät für diejenigen, die es sich leisten können und Strom zur Verfügung haben. Die Ärzte bestimmter Krankenhäuser haben den Patienten Elektrokupfer zur Herstellung von Blechdosenspielzeugen empfohlen.

Ein elektrischer Lötkolben kostet derzeit etwa 7,50 US-Dollar.

**Das gängige Lötkupfer .** — Ein geeignetes Lötkupfer oder „Löteisen" kann in jedem guten Werkzeughändler oder Baumarkt erworben werden; Für die Arbeit mit den Blechdosen sollte es etwa ein Pfund wiegen.

Fast jeder hat sich schon einmal ein kleines Lötgerät angeschafft und versucht, den Waschboiler der Familie oder ein undichtes Blechgeschirr zu löten; meist ohne Erfolg. Solche Outfits sind für große Arbeiten oder für die Blechdosenspielzeuge immer zu klein.

Es muss berücksichtigt werden, dass die Wärme vom Kupfer in das Werkstück fließt und dass das Kupfer das Werkstück auf den Schmelzpunkt des Lots erhitzen muss; Daher wird ein großes Kupfer mit einem Gewicht von mehreren Pfund zum Löten von Waschkesseln, Blechdächern usw. verwendet, und ein kleines Kupfer mit einem Gewicht von einigen Unzen wird zum Löten von Schmuck usw. verwendet.

In fachmännischen Händen kann eine große Kupferlegierung zum Löten sehr kleiner Werkstücke verwendet werden. Eine kleine Kupferlegierung darf jedoch niemals zum Zusammenlöten großer Werkstücke verwendet werden, da die Kupferlegierung nicht nur dafür sorgen muss, dass das Lot bis zum Fließpunkt geschmolzen bleibt, sondern es auch erhitzen muss Werkstück an der Verbindungsstelle bis zum Fließpunkt des Lotes, bevor das Lot das Kupfer verlässt und am Werkstück haften bleibt.

In der Praxis hat sich herausgestellt, dass ein Kupfer mit einem Gewicht von einem Pfund am besten ist. Wenn man sich mit dem Kupfer besser auskennt, wird es von Vorteil sein, mehrere Kupferstücke mit unterschiedlichem Gewicht zu haben. Ein halbes Pfund und ein Vier-Unzen- Kupfer sind für sehr kleine Arbeiten sehr praktisch. Beginnen Sie jedoch nicht mit dem Löten, wenn das Kupfer weniger als ein Pfund wiegt.

Lötkupfer werden bei den großen Werkzeughändlern normalerweise paarweise verkauft, und Kupferklötze, die mit zwei Pfund gelistet sind, wiegen in Wirklichkeit jeweils ein Pfund; Wenn Sie eine schriftliche Bestellung aufgeben, geben Sie unbedingt an, dass das Kupferstück ein Pfund wiegen soll.

Ein speziell zum Löten von Kupfer angefertigter Holzgriff sollte gleichzeitig mit dem Kupfer gekauft werden; Diese Holzgriffe sind groß gemacht, um die Hand vor der Hitze des Eisenschafts zu schützen. In den Griff ist normalerweise ein Loch der richtigen Größe gebohrt, damit das spitze Ende des Schafts leicht mit einem Holzhammer in den Griff getrieben werden kann. Ist das Loch zu klein, sollte es so aufgebohrt werden, dass es annähernd so groß ist wie der Schaftdurchmesser. Der Holzstiel darf beim Eintreiben mit dem Hammer nicht gespalten werden.

**Flussmittel.** — Vor dem Verzinnen der Kupferspitze muss etwas Flussmittel beschafft werden, entweder eine Lötpaste oder eine Lötflüssigkeit mit „abgetöteter Säure".

Eine ausgezeichnete Lötpaste namens „ Nokorode " ist bei weitem das beste Flussmittel, das es gibt. Es ist preiswert, eine kleine Menge reicht weit, und es rostet oder korrodiert die Arbeit nicht, wie es bei abgetöteter Säure und manchen Lötpasten der Fall ist. Es lässt sich nach dem Löten leicht von der Arbeit reinigen und macht das Löten für den Anfänger viel einfacher und einfacher. Nokorode- Lötpaste ist in jedem guten Elektrofachgeschäft oder Baumarkt erhältlich. Wenn sie es nicht vorrätig haben, besorgen sie es für Sie. Es gibt nichts Besseres auf dem Markt, aber wenn Sie diese bestimmte Marke aus irgendeinem Grund nicht erhalten können, stellen Sie sicher, dass die von Ihnen gekaufte Lötpaste deutlich gekennzeichnet ist, dass sie das Werkstück nicht angreift.

Lötflüssigkeit oder abgetötete Säure besteht aus Salzsäure, in der das gesamte reine Zink gelöst ist, das es in Lösung hält. Diese Flüssigkeit wird häufig von Lötern verwendet und ist sicherlich ein ausgezeichnetes Lötflussmittel, aber für unsere Zwecke nicht annähernd so gut wie die Lötpaste. In der Werkstatt ist es jedoch sehr nützlich, die verzinnte Spitze des heißen Kupfers hineinzutauchen, um das Oxid oder den Schmutz zu entfernen, der sich gebildet hat, nachdem das Kupfer einige Zeit in Gebrauch war. Nachdem das Kupfer auf diese Weise gereinigt wurde, haftet das Lot viel besser an der Spitze.

Anweisungen zur Herstellung der abgetöteten Säure und zur Verwendung anderer Lötflussmittel finden Sie auf Seite 68 .

**Verzinnen des Kupfers.** — Nachdem Sie das Lötkupfer und den Griff, etwas Flussmittel und Weichlot beschafft und eine Art Heizgerät aufgestellt haben, besteht der nächste Schritt beim Löten darin, die Spitze des Kupfers mit Lötzinn zu beschichten. Dies wird als Verzinnen des Kupfers bezeichnet.

Befestigen Sie das Kupfer fest in einem Schraubstock, falls vorhanden, wie in Abb. 17 dargestellt . Anschließend feilen Sie jede der vier Flächen der Kupferspitze mit einer Flachfeile blank und sauber. Verwenden Sie hierfür besser eine alte Feile – eine mit eher groben Zähnen. Es ist zu beobachten, dass das Kupfer schräg in den Schraubstock eingelegt wird, um eine Seite der quadratischen Pyramide parallel zu den Backen des Schraubstocks zu bringen; Diese Position ermöglicht das Feilen in einer natürlichen horizontalen Position.

Jede Seite der Spitze sollte zur Spitze hin leicht abgerundet sein.

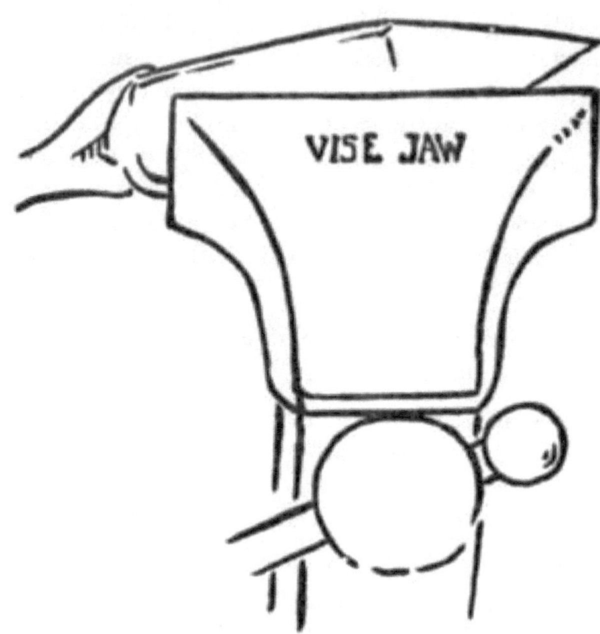


ABB. 17.

Wenn kein Schraubstock zur Verfügung steht, kann das Kupfer mit einer Hand an die Bankkante gehalten und mit der anderen Hand die Spitze sauber und blank gefeilt werden, oder es kann ein grobes Stück Schmirgelleinen flach auf den Tisch gelegt werden und jede Seite der Spitze rieb hell daran. Für diesen Zweck eignet sich jedoch eine Feile am besten, und wenn sie vor der Verwendung mit Kreide angestrichen wird, verstopft das weggefeilte Kupfer sie nicht.

Wenn das Kupfer an der Stelle sauber und blank ist, sollte jede Seite gründlich mit einem dünnen Film Lötpaste bedeckt oder in die Lötsäure getaucht werden.

Das Kupfer sollte dann ins Feuer gelegt und bis zum Schmelzpunkt des Lotes erhitzt werden.

**Heizung.** – Während das Kupfer erhitzt wird, bereiten Sie ein etwa 5 x 10 cm großes Stück Zinn vor – ein sauberer flacher Abfall oder ein Teil einer Dose reicht aus. Verteilen Sie etwas Lötpaste in der Mitte der Dose und legen Sie sie auf die Bank in der Nähe des Heizgeräts. Wenn die Säure verwendet werden soll, können anstelle der Paste auch einige Tropfen abgetötete Säure auf die Dose gegeben werden.

Nach ein paar Minuten Erhitzen sollte das Kupfer aus dem Feuer genommen und das Ende eines Lotstreifens bis zur Spitze berührt werden. Wenn das

Lot an der Spitze schnell und leicht schmilzt, kann das Kupfer verzinnt werden. Wenn es sehr langsam schmilzt, „matschig", sollte das Kupfer wieder ins Feuer gelegt und etwas stärker erhitzt werden. *Das Kupfer sollte unter keinen Umständen rotglühend erhitzt werden* ; Dies muss berücksichtigt werden. Wenn das Kupfer auf Rotglut erhitzt wird, verbrennt die Lötpaste und ihre Wirkung wird zerstört, denn rotglühendes Kupfer nimmt kein Lot auf und darf auch nicht wieder verzinnt werden, bis das Kupfer abgekühlt und wieder blank und sauber gefeilt ist. erneut mit Flussmittel beschichtet und erneut erhitzt. Wenn das Kupfer nach dem Verzinnen der Spitze glühend heiß erhitzt wird, verbrennt die Verzinnung von der Spitze und das Lot bleibt nicht daran haften, bis es abgekühlt, neu gefeilt und neu verzinnt wurde .

*Dies ist der wichtigste Punkt, den Sie beim Löten beachten sollten und der die Ursache für viele Fehler ist.* Denken Sie daran, dass das Löten ohne Flussmittel nicht möglich ist, um das Metall sauber zu halten, wenn es heiß ist. Zu viel Hitze verbrennt Lötpaste oder abgetötete Säure. Die Verzinnung und das an der Spitze haftende Lot werden verbrannt oder oxidiert und dadurch spröde und unbrauchbar.

Wenn das Kupfer zum Löten verwendet wird, sollte immer eine Hitze aufrechterhalten werden, die das Lot fast augenblicklich zum Schmelzen bringt und es mit einer brillanten, glitzernden Farbe zum Fließen bringt. *Das ist nie eine rote Hitze.*

Wenn das Kupfer zum Verzinnen zum ersten Mal erhitzt wird, sollte es aus dem Feuer genommen werden, wenn das Lot leicht schmilzt. Anschließend sollten mehrere große Lottropfen von der Stange oder dem Lotstreifen auf das neben dem Feuer platzierte Stück Zinn geschmolzen werden und auf dem etwas Lötpaste oder Säure verteilt wurde. Reiben Sie jede Seite der Kupferspitze in das Lot auf der Dose ein, bis jede Seite vollständig mit einer hellen Lotschicht bedeckt ist. Halten Sie beim Reiben jede Seite flach gegen das Lot auf der Dose. Das Kupfer muss vom Anfänger möglicherweise ein- oder zweimal erhitzt werden, da es möglicherweise zu kühl wird, um das Lot leicht zu schmelzen. Sobald das Lot anfängt, steif und „matschig" zu werden und grau statt zu glänzen aussieht, ist es Zeit, das Kupfer erneut zu erhitzen.

Ein altes Stück weiches Baumwolltuch, z. B. ein Strumpf, auf das ein wenig Salmiakpulver gestreut wird, eignet sich hervorragend, um es beim Löten oder Verzinnen griffbereit zu haben. Die Zinnbeschichtung der Kupferspitze sollte auf dieses Tuch gerieben werden, auf das der Salmiak gestreut wird, wenn das Kupfer heiß ist. Dadurch bleibt das Kupfer in ausgezeichnetem Zustand. Der Salmiak entfernt das Oxid aus der Verzinnung und hellt sie im Allgemeinen rund um den Punkt auf.

Die Verzinnung des Kupfers hält viel länger, wenn es gelegentlich heiß in die Lötpaste oder Säure getaucht wird. Dies gilt insbesondere dann, wenn das Kupfer etwas überhitzt wurde.

Wenn die Verzinnung Abnutzungserscheinungen zeigt und das Kupfer das Lot nicht mehr leicht aufnimmt, muss es neu verzinnt , gefeilt, mit Flussmittel behandelt, erhitzt und auf das Lot gerieben werden, das auf die zuerst für diesen Zweck verwendete Dose aufgetragen wurde. Dieses Stück Zinn sollte in der Nähe der Bank aufbewahrt werden, da das Kupfer neu verzinnt werden muss häufig. *Denken Sie immer daran, dass das Kupfer kein Lot zum Werkstück transportieren kann, es sei denn, es ist gut verzinnt.*

Bei Verwendung eines Elektrolötkupfers ist dieses in der Regel bereits vor Ort verzinnt, so dass es sofort einsatzbereit ist, sobald es an eine geeignete Steckdose angeschlossen und der Strom eingeschaltet wird. Die Heizspirale im Inneren des Kupfers erhitzt es bald bis zum Schmelzpunkt des Lots. Nach dem Erhitzen kann es wie gewöhnliches Kupfer behandelt, gelegentlich auf dem Baumwolltuch abgewischt und neu verzinnt werden , wenn die Verzinnung abgenutzt ist. Ein Elektrokupfer sollte zum Feilen niemals in einen Schraubstock gespannt werden, sondern sollte an die Werkbank gehalten und vorsichtig gefeilt werden. Ein Schraubstock kann das hohle Kupfer zerdrücken und die Heizspirale im Inneren beschädigen. Diese Kupferstücke sollten niemals ins Feuer gelegt oder auf andere Weise außer durch elektrischen Strom erhitzt werden.

Elektrokupfer benötigen nicht so viel Aufmerksamkeit wie gewöhnliches Kupfer, da die durch den Strom zugeführte gleichmäßige Wärme das Kupfer bis zum Fließpunkt des Lots erhitzt und es nicht über diese Temperatur hinaus erhitzen kann.

### SO STELLEN SIE LÖTFLÜSSIGKEIT ODER „ABGETÖTETE SÄURE" HER

Lötflüssigkeit lässt sich ganz einfach wie folgt herstellen: Reines Zink wird in Salzsäure gelöst, bis die Säure kein Zink mehr auflöst. Die so erhaltene Lösung wird dann eine Zeit lang stehen gelassen, dann durch ein Tuch gesiebt und in eine Flasche gegossen, die bei Nichtgebrauch fest verschlossen bleibt.

Kaufen Sie zunächst etwa sechs Unzen Salzsäure bei einem Apotheker. Achten Sie darauf, dass keine Säure auf Ihre Hände oder Kleidung gelangt. Als nächstes besorgen Sie sich etwas reines Zinkblech. Das für Ofenmatten verwendete Zinkblech, wie es in Klempnergeschäften verkauft wird, eignet sich nicht zur Herstellung von Lötflüssigkeiten, da diese Form von Zink mit anderen Metallen legiert ist. Reines Zink kann sehr leicht aus alten Trockenbatterien gewonnen werden, die überall zu finden sind.

Entfernen Sie die Papierabdeckung von der Batterie und brechen Sie sie mit einem Hammer auf. Entfernen Sie den Kohlenstoff aus der Mitte der Batterie und schütten Sie das gesamte pulverförmige Material aus. Weichen Sie die Zinkabdeckung der Batterie in warmem Wasser ein, um am Zink haftendes Papier oder Material zu entfernen, und schneiden Sie das Zink dann in etwa ¼ Zoll große Stücke.

Nehmen Sie eine alte Teetasse oder ein Marmeladenglas aus Ton und gießen Sie etwa eine halbe Teetasse Salzsäure hinein. Stellen Sie das Gefäß mit der Säure im Freien oder in der Nähe eines offenen Fensters und entfernt von allen Stahlwerkzeugen auf, damit die Dämpfe der Säure entweichen und nicht in die Lunge gelangen oder Werkzeuge verrosten können.

Geben Sie eine kleine Handvoll Zinkspäne in die Säure. Die Säure greift sie sofort an und es entsteht eine starke Blasenbildung. Wenn die Blasenbildung nachlässt, fügen Sie weitere Zinkstücke hinzu – etwa alle fünfzehn Minuten. Wenn die Säure bei der Zugabe keine Anzeichen dafür zeigt, dass sie das Zink angreift, spricht man von einer „Abtötung" der Säure und der Herstellung der Lötflüssigkeit. Es kann bei Bedarf sofort verwendet werden , aber es ist viel besser, wenn man es über Nacht stehen lässt und die Zinkrückstände darin zurückbleibt. Anschließend wird es durch ein Stück Musselintuch in eine andere Tasse oder ein Glas abgeseiht und die Flüssigkeit ist gebrauchsfertig.

Die Lötflüssigkeit kann in einer weithalsigen Glasflasche oder einem Marmeladenglas aufbewahrt werden; Jedes Gefäß muss fest verschlossen sein, wenn es nicht verwendet wird. Diese Lötflüssigkeit kann anstelle der Lötpaste als Flussmittel für alle Weichlötvorgänge verwendet werden, ist jedoch als Flussmittel für die Zinndosenfunktion nicht so zufriedenstellend wie die Paste. Die beste Verwendung in Verbindung mit Blechdosenspielzeugen besteht darin, die Spitze des heißen Kupfers gelegentlich einzutauchen, um die Verzinnung an der Kupferspitze zu reinigen.

Während sich die vorbereitete Lötpaste am besten für alle mit der Verzinnung verbundenen Lötarbeiten eignet, können auch andere Flussmittel verwendet werden, wenn nichts Besseres zur Hand ist. Dies sind Harz, Olivenöl, Baumwollsamenöl, Autoschmieröl und Paraffin; Diese Flussmittel sind jedoch in unerfahrenen Händen nicht sehr zufriedenstellend. Die Lötpaste eignet sich am besten für alle Lötarbeiten.

# KAPITEL V
### LÖTEN ( *Fortsetzung* )

**Vorbereiten einer Lötstelle – Reinigen und Schaben – Löten eines Übungsstücks – Anlöten des Griffs an den Keksschneider – ein zweites Übungsstück – eine weitere Methode zum Auftragen von Lot**

**Reinigen und Schaben. – Wenn das Kupfer vollständig verzinnt ist und die Heizung und die Materialien wie in** Kapitel IV beschrieben einsatzbereit sind , sollten mehrere Übungsstücke zusammengelötet werden, bevor versucht wird, sie an einem echten Werkstück zu verbinden, das Sie möglicherweise zum Löten bereit haben.

Wenn das Zinn hell und sauber ist, muss es an der Verbindungsstelle, an der das Lot angebracht werden soll, nicht abgekratzt werden. Rostige Stellen, die dem Lot im Weg stehen, sollten hell abgekratzt werden. Papier, Etiketten oder Farbe müssen entfernt werden. Wenn eine Dose beim Entleeren gut mit heißem Wasser ausgespült wurde, stellt dies beim Löten keine Schwierigkeiten dar; eine Dose, die geleert, aber nicht ausgespült wurde, stellt jedoch eine schwieriger zu lötende Oberfläche dar; insbesondere Tomaten-, Obst- oder Kondensmilchdosen. Dies gilt natürlich nur für das Innere dieser Dosen. Tabak-, Kaffee-, Kakao-, Teedosen und Ähnliches bieten dem Lot ohne Waschen keinen Widerstand. Der gelbe Lack, mit dem manche Dosen ausgekleidet sind, muss nicht abgekratzt werden. Das Lot haftet gut auf dem so behandelten Zinn, Papier, Farbe usw. müssen jedoch aus dem Weg des Lots gekratzt werden. Der abgekratzte Teil muss auf jeder Seite der Fuge nur einen Viertel Zoll breit sein; Reste von Papieretiketten oder Farbe werden im heißen Laugenbad vor dem Lackieren der Dose entfernt.

Das Schaben kann mit einem alten Messer oder einem normalen Schaber erfolgen, der vom Händler für Blechwerkzeuge geliefert wird, wie auf Seite 202, Kapitel XXI dargestellt .

Wenn Sie das Zinn blank abkratzen, kratzen Sie es nicht so stark ab, dass das gesamte Zinn vom inneren Eisenblech abgekratzt wird, da das Lot viel besser am Zinn als am Eisen haftet. Wenn die Dose nicht stark verschmutzt ist, kann zum Reinigen der Verbindung ein Stück Schmirgelleinen oder Sandpapier verwendet werden.

Farbdosen, Dosen mit Einbrennlack, Gummikitt, Lack, Schellack usw. sollten vor dem Löten in einem starken Laugenbad gründlich ausgekocht werden; Farbe besteht normalerweise aus Oxiden und Oxide sind ein sicheres Schutzmittel gegen Löten. Das Laugenbad entsteht durch Zugabe von zwei gehäuften Esslöffeln Lauge oder Waschsoda zu einem Liter kochendem Wasser. Dosen, die fünf Minuten lang in dieser Lösung gekocht

werden, werden gründlich gereinigt und frei von Farbe, Papieretiketten und
praktisch allem, was sich innerhalb oder außerhalb einer Dose befindet. Die
Lauge oder das Waschsoda gibt es in jedem Lebensmittelgeschäft. Es ist
darauf zu achten, dass die Laugenlösung nicht auf die Hände oder die
Kleidung gelangt, da sie sehr ätzend ist und die Hände verbrennt und die
Kleidung ruiniert, wenn sie nicht sofort abgewaschen wird. Das Werkstück
sollte im Bad mit einem Drahthaken angefasst und beim Herausnehmen gut
mit Wasser abgespült werden. Dasselbe Laugenbad wird verwendet, bevor
Farbe auf Zinnarbeiten aufgetragen wird, wenn alle Formen, Lötungen,
Nieten usw. abgeschlossen sind. Es entfernt Flussmittel, Säure und
Fingerabdrücke und hinterlässt eine saubere Oberfläche zum Malen.

**Löten eines Übungsstücks .** — Zum Üben des Lötens ist zunächst eine
Winkelverbindung eine gute Sache; etwas, das klein ist und beim Löten leicht
in Position gehalten werden kann. Da ich bereits den Zusammenbau eines
Keksausstechers bis hin zum Zusammenlöten beschrieben habe, eignet sich
ein ähnliches Übungsstück hervorragend als Ausgangspunkt.

Schneiden Sie einen schmalen Streifen Blech von etwa 2,5 cm Breite und 10
cm Länge sowie ein flaches Stück Blech von etwa 5 x 7,5 cm ab. Achten Sie
darauf, dass die Enden des schmalen Streifens rechtwinklig abgeschnitten
werden, ggf. mit dem Winkel. (Siehe Kapitel „Arbeit auslegen", Seite 32. )
Achten Sie darauf, dass beide Teile gut abgeflacht und glatt sind.

Biegen Sie den schmalen Streifen halbkreisförmig, wie den Keksausstecher,
den Sie bereits zum Löten haben, und stellen Sie dieses Stück auf das größere
flache Stück Blech.


Legen Sie nun das Stück in die Nähe der Lötkupferheizung auf die Holzbank.
Stellen Sie sicher, dass Sie es auf Holz platzieren und nicht auf einem Teil
des Schraubstocks oder einem anderen geeigneten Metall. Eisen, Stein oder
Ziegel absorbieren bei direktem Kontakt mit der Dose zu viel Wärme und
verhindern so das Löten.

Tragen Sie auf jede Verbindung eine kleine Menge Lötpaste auf, wie in Abb.
18 dargestellt . Die Paste kann mit einem kleinen flachen Holzstäbchen
aufgetragen werden, z. B. einem Streichholz, das auf eine lange, dünne
Keilspitze zugeschnitten ist.

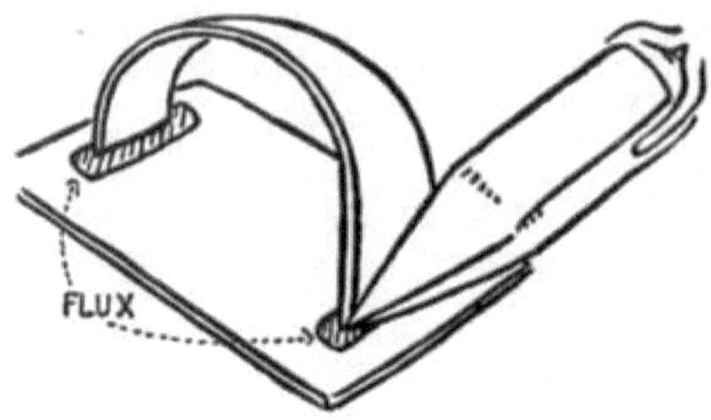



ABB. 18.

Abgetötete Säure oder Lötflüssigkeit wird normalerweise mit einem kleinen Kamelhaarpinsel aufgetragen, der in einer Feder steckt. manchmal wird zu diesem Zweck eine Hühnerfeder verwendet.

Das Flussmittel, egal ob Paste oder Säure, sollte sparsam aufgetragen werden, aber achten Sie darauf, dass genug aufgetragen wird, um die Verbindung vollständig zu bedecken, als ob es auf beide Seiten des Metalls an der Verbindungsstelle gestrichen wäre.


ausreichend großen Tropfen Lot aufnimmt, wenn Sie es gegen eine Stange oder einen Lotstreifen halten. Draht- oder Streifenlot ist für den Anfänger viel einfacher zu handhaben als der schwerere Stab. Es schmilzt viel leichter, da es kleiner ist.

Wenn Sie Stangenlot verwenden, legen Sie es auf einen Amboss oder Stein und hämmern Sie ein Ende heraus, bis es etwa $\frac{1}{8}$ Zoll dick und viel breiter als die ursprüngliche Stange ist. Beim Verdünnen schmilzt es viel schneller.

Halten Sie das halbkreisförmige Stück mit der linken Hand in Position und bringen Sie mit der rechten das heiße, mit geschmolzenem Lot gefüllte Kupfer an die verzinnte Spitze. Passen Sie die Spitze des Kupfers genau in den durch die Verbindung gebildeten Winkel ein und bewegen Sie das Kupfer sehr langsam entlang die Verbindung, beginnend auf einer Seite und endend auf der anderen.

Wenn jede Seite der Verbindung gründlich bis zum Schmelzpunkt des Lots erhitzt wird, verlässt ein Teil des Lots das Kupfer und fließt in und über die Verbindung; Daher sollte dem Kupfer zu Beginn des Lötens eine kurze Ruhezeit gewährt werden, in der mit dem Löten begonnen werden soll. Das Zinn wird dann erhitzt und wenn das Lot in die Verbindung zu fließen beginnt, wird das Kupfer langsam entlanggezogen, wodurch das Zinn erhitzt wird und das Lot während seiner Bewegung in die Verbindung fließt.

Folgende Punkte sollten beim Löten unbedingt beachtet werden:

Dass das zu lötende Zinn bis zum Schmelzpunkt des Lotes erhitzt werden muss, bevor das Lot das Kupfer verlässt und am Zinn haftet.

Dass das Kupfer dem Zinn die Wärme zuführt und dass das Zinn nicht erhitzt wird, wenn das Kupfer nicht lange genug damit in Kontakt bleibt, um es zu erhitzen. Es sollte genügend Kupfer mit dem zu lötenden Zinn in Kontakt sein, damit die Wärme schnell in das Zinn fließen kann, siehe Abb. 18 . Berühren Sie nicht einfach mit der Spitze des Kupfers die Verbindung und erwarten Sie, dass diese Verbindung erhitzt wird: Das wird nicht der Fall sein. Zwei Flächen der Kupferspitze sollten an den zu lötenden Teilen des Werkstücks anliegen und so die Wärme auf die Teile übertragen, wie in Abb. 19 dargestellt . Wenn zu viel von der Spitze mit dem Werkstück in Berührung kommt, wird das Lot in einem breiten, unnötigen Strahl über das Werkstück verschmiert. Dies ist der Grund dafür, dass die Spitzen von Kupferlegierungen zur Spitze hin leicht abgerundet gefeilt werden.

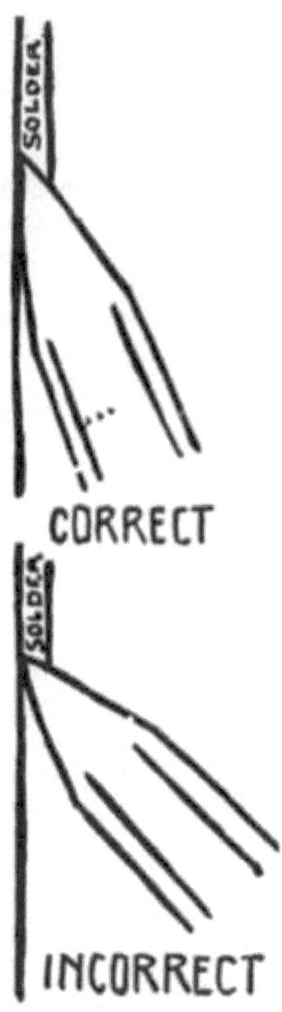


ABB. 19.

*Denken Sie* daran: Das Kupfer muss heiß genug sein, damit das Lot glitzert.

Dass ein glühendes Kupfer kein Lot aufnimmt.

Dass ein glühendes Kupfer das Flussmittel verbrennt und dass es die Verzinnung an der Spitze des Kupfers zerstört; Ein roter Kopf oxidiert außerdem das Lot und macht es spröde und schwach.

Dieses Lot füllt keine Lücke in einer Verbindung, es sei denn, es befindet sich in sehr erfahrenen Händen. Die Gelenke sollten eng anliegen.

Dass eine gute Verbindung glatt aussehen sollte; sehen aus wie aufgemalt. Eine glatte Verbindung entsteht durch heißes Kupfer, sauberes Metall und gutes Flussmittel, vor allem aber dadurch, dass das Kupfer lange genug in der Verbindung belassen wird, um es gründlich zu erhitzen.

Dass kleine Verbindungen fast sofort erhitzt und verlötet werden.

Dass große Verbindungen eine längere Zeit zum Aufheizen benötigen und dass sehr schwere Arbeiten eine große Kupferplatte und manchmal auch eine externe Wärmequelle erfordern – aber mit solchen Arbeiten haben wir in diesem Buch nichts zu tun.

Dieses Werkstück muss zusammengehalten werden, bis das Lot aushärtet oder grau wird, da es beim Schmelzen des Lots auseinanderspringen kann.

Dies sind alles sehr einfache Tatsachen, die nicht schwer zu merken sein sollten.

Um mit dem Übungsstück fortzufahren: Sobald das Lot in und um ein Ende der Übungsstelle herumgelaufen ist, entfernen Sie das Kupfer und löten Sie die Stelle am anderen Ende des Stückes. Da diese Verbindungen klein sind, sollten sie sich sehr schnell erwärmen und verlöten. Eine Erwärmung des Kupfers sollte für beide Verbindungen ausreichen. Stellen Sie jedoch sicher, dass das Kupfer heiß genug ist, bevor Sie die zweite Verbindung versuchen.

Wenn bei der Herstellung Ihrer ersten Verbindung Schwierigkeiten auftreten und diese nicht zusammenhält, tragen Sie mehr Flussmittel auf und versuchen Sie es erneut.

Nach erfolgreichem Abschluss des Übungsstücks kann der Griff auf die gleiche Weise an den Keksausstecher angelötet werden.

**Eine weitere Methode zum Auftragen von Lot.** — Manchmal werden Lötzinnstücke aus dem Lötdrahtstreifen herausgeschnitten und in die zu lötende Verbindung gelegt. Das heiße Lötkupfer wird dann verwendet, um das Lot in die Verbindung einzuschmelzen. Die Verbindung muss gut mit Flussmittel versorgt werden, bevor das Lot angebracht wird.

Das Ende eines Lötdrahtstreifens wird manchmal gegen die Spitze eines heißen Kupferstücks gehalten, während es entlang einer zu lötenden Verbindung bewegt wird. Das Lot wird gegen die Spitze des heißen Kupfers geführt, während es in der Verbindung schmilzt.

Beide oben genannten Methoden erweisen sich als vorteilhaft, wenn eine klaffende Verbindung mit Lot gefüllt werden soll und es wünschenswert ist, eine Menge Lot an einer Stelle aufzutragen.

# KAPITEL VI
## KEKSAUSSTECHER

**DAS KIEFERBAUM-DESIGN – Schmale Zinnstreifen schneiden – sich über das Design biegen – Plätzchenausstecher löten – den Griff**

Aus Blechstreifen und -stücken, die aus Dosen geschnitten werden, lassen sich Keksausstecher jeder einfachen Bauart leicht herstellen. Sie können hergestellt werden, um jedes einfache Motiv aus dem Kuchenteig auszustanzen, beispielsweise Blumen, Blätter, Bäume, Tiere, Boote, verschiedene Insignien usw.

Denken Sie bei der Gestaltung eines Keksausstechers daran, dass den Keksen nach dem Ausstanzen Rosinen, Johannisbeeren, Zitronenstücke, Nüsse usw. hinzugefügt und zur Betonung des Motivs verwendet werden können, z. B. Augen von Tieren, Früchte an Bäumen, usw.

Zeichnen Sie zunächst das Design auf Papier in genau der Größe, die das Plätzchen haben soll, und achten Sie darauf, einen sehr einfachen Umriss zu verwenden. Achten Sie darauf, nicht zu viele komplizierte Biegungen einzuführen, und denken Sie daran, dass ein Blechstreifen gebogen werden muss, um dem Umriss zu folgen der Zeichnung. Denken Sie auch daran, dass Kuchenteig nicht aus sehr zähem Material besteht und leicht bricht, wenn er an einer Stelle oder in einem Teil des Motivs in zu schmale Streifen geschnitten wird.

Versuchen Sie nicht, einen zu realistischen Entwurf zu erstellen, sondern einen, der das gewünschte Objekt suggeriert. Das Tannen- oder Weihnachtsbaum-Design ist sehr einfach herzustellen.

**Das Kiefernbaum- Design.** — Zeichnen Sie zunächst die Kiefer auf Papier und achten Sie darauf, dass beide Seiten des Baumes gleich sind, Abb. 20 . Eine sehr einfache Methode, dieses Ergebnis zu erzielen, besteht darin, das Papier genau in der Mitte zu falten, das Papier wieder flach zu öffnen und eine Hälfte des Baumes zu zeichnen, wobei die gefaltete Linie als Mittelpunkt des Baumes dient und mit einem weichen Bleistift gezeichnet wird . Falten Sie das Papier erneut an derselben Faltlinie zusammen, legen Sie das gefaltete Papier auf eine harte Oberfläche und reiben Sie das Papier mit der Schüssel eines Löffels über die Zeichnung, sodass das Design auf die andere Hälfte des Papiers übertragen wird Sobald das Papier auseinandergefaltet ist, ist das Design fertig und beide Seiten des Designs sind gleich.

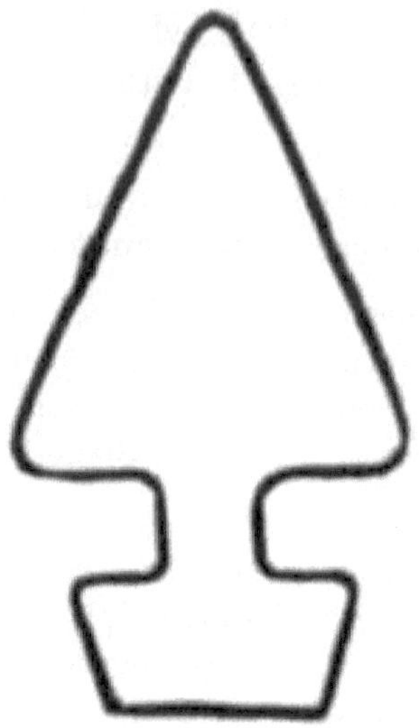

ABB. 20.

**schmaler Blechstreifen .** — Wenn Sie ein zufriedenstellendes Design gezeichnet haben, schneiden Sie eine große Dose auf, so dass Sie, wenn die Dose aus der Dose flach ist, einen Streifen daraus abschneiden können, der lang genug ist, um sich zu biegen und Ihrem Design anzupassen und nur eine Verbindung zu haben. Stellen Sie sicher, dass Sie eine Kante der Dose auf eine gerade Linie zuschneiden, bevor Sie mit dem Abzeichnen eines Streifens von ½ Zoll Breite beginnen. Verwenden Sie für den Markierungsvorgang die Teiler, wie in Kapitel II, Seite 35 gezeigt . Achten Sie darauf, den Streifen so gerade wie möglich und über die gesamte Länge exakt gleich breit zu schneiden.


**Sich der Form über das Design beugen.** — Wenn der Streifen geschnitten ist, führen Sie die Enden des Streifens zusammen und drücken Sie die Biegung nach innen, um einen Winkel zu bilden. Dieser Winkel bildet nicht nur die Spitze des Baumes, sondern markiert auch die Mitte des Streifens. Biegen Sie den Streifen auseinander, bis er von der Spitze des Baums bis zur ersten Biegung auf einer Seite dem Muster auf dem Papier entspricht, wie in Abb. 21 gezeigt . Markieren Sie den Zinnstreifen mit *AA*

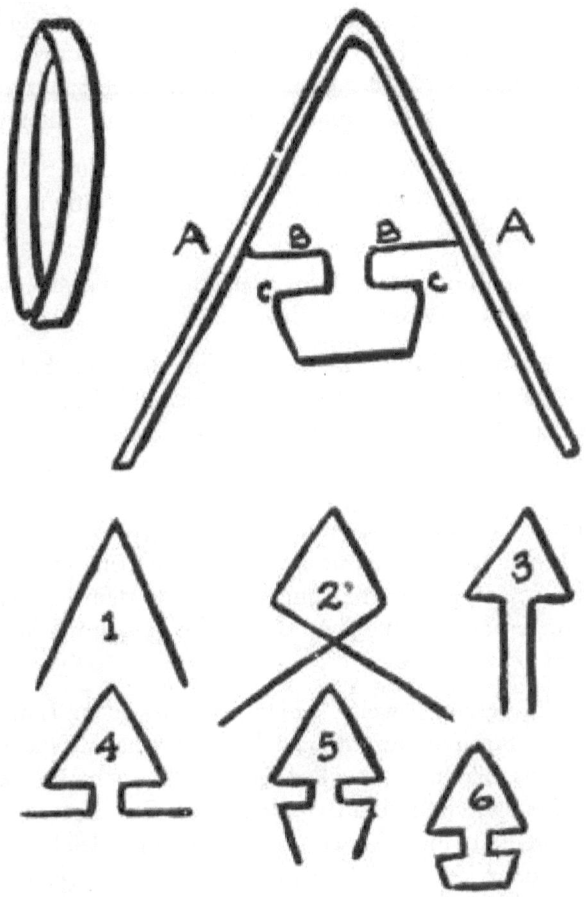



ABB. 21.

Nehmen Sie die Flachzange und biegen Sie die Dose auf jeder Seite so ein, dass sie der Linie *B entspricht*. Lassen Sie die Enden des Streifens aneinander vorbeigehen, wie in Abb. 21 , 2 und in der Abbildung des Biegens gezeigt. Als nächstes biegen Sie beide Enden des Streifens im *CC* und so weiter, bis der komplette Umriss des auf Papier gezeichneten Baumes durch den Blechstreifen folgt. Die verschiedenen Schritte beim Biegen sind in Abb. 21 , 1 bis 6, dargestellt. Die Verbindung an der Unterseite des Designs sollte etwa ¼ Zoll überlappen.

Diese Verbindung kann mit der Flachzange zusammengehalten und verlötet werden. Achten Sie darauf, dass die Enden, die verlötet werden sollen, im rechten Winkel zum Rest des Designs liegen, damit sich alle Schnittkanten gleichmäßig berühren und gut schneiden, wenn der Schneidstreifen flach auf das Schneidebrett gelegt wird.

Wenn Sie die Enden des Schneidstreifens zusammengelötet haben, schneiden Sie ein rechteckiges Stück Blech aus, das etwas größer als das Design ist, mindestens ¼ Zoll größer in jede Richtung. Achten Sie darauf, dass dieses Stück Blech vollkommen flach und frei von Falten ist.

Schauen Sie sich den Schneidstreifen genau an und stellen Sie sicher, dass er genau zum Design passt. Legen Sie ihn dann in die Mitte des rechteckigen Stücks Blech.

Befestigen Sie ein dünnes Stück Holz, das etwas größer als das Design ist. Holz aus einer Verpackungskiste reicht aus.

Dieser Holzstreifen wird oben auf dem Schneidstreifen befestigt, um ihn beim Löten zu fixieren, damit er vollkommen flach bleibt und sich die Finger nicht verbrennen. Beim Einlöten wird die Schneidleiste sehr heiß.


**Ausstechformen zusammenlöten** . — Stellen Sie sicher, dass Ihr Lötkupfer gut erhitzt und verzinnt ist; Tragen Sie Lötpaste auf die gesamte Verbindungsstelle auf, an der die Schneidleiste auf dem flachen Stück Zinn aufliegt, und tragen Sie anschließend das Lot in gewohnter Weise sorgfältig mit dem heißen Lötzinn auf.

Es wird sich als vergleichsweise einfach herausstellen, Lötmittel auf die längeren Teile des Streifens aufzutragen, beispielsweise auf diejenigen, die die Seiten des Baums bilden. Versuchen Sie jedoch nicht, in dem oder den schmalen Spalten zwischen dem Baumlaub, dem Stamm und dem Baum zu löten Spitze. Löten Sie nur dort, wo sich die Lötspitze leicht einführen lässt, und tragen Sie dann das Lötmittel in den Teil des Musters auf, der den Baumstamm bildet, wie in Abb. 23 durch die dunklen Linien dargestellt.

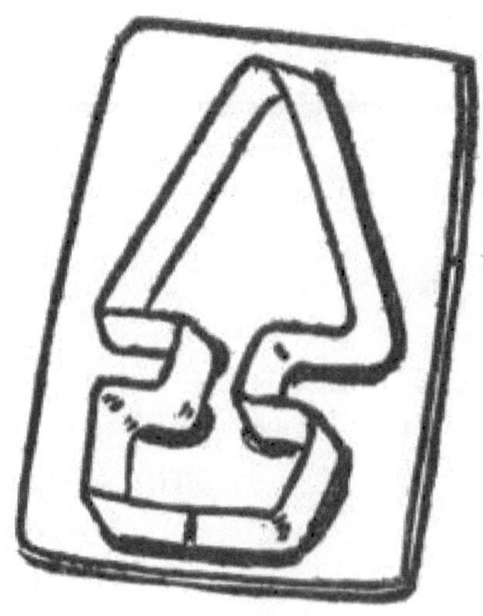

ABB. 22.

Der Schneidstreifen muss nicht in jedem kleinen Spalt, der für das Lötkupfer
ungeeignet ist, an das flache Stück Zinn gelötet werden, das die Rückseite
bildet. Es muss jedoch so gelötet werden, dass sich die Schneidleiste beim
Schneiden nicht verbiegt. Wenn Sie es also nicht außen löten dürfen, löten
Sie es innen.

Achten Sie darauf, dass Sie den Schneidstreifen beim Löten mit einem
flachen Stück Holz fest an der flachen Dose festhalten. Wenn das Löten
nicht gut gelingt, halten Sie inne und lesen Sie die Kapitel IV und V zum
Thema Löten noch einmal durch. Nehmen Sie sich ausreichend Zeit und
machen Sie einen guten Job daraus.

Wenn der Schneidstreifen fest mit der Dose verlötet ist, schneiden Sie die
Kanten ab, bis sie wie auf Tafel VIII dargestellt aussehen . Versuchen Sie
nicht, jeder Vertiefung im Design zu folgen, sondern schneiden Sie es auf die
angegebene allgemeine glatte Form zu, die keine scharfen Ecken hinterlässt.
Die Kanten der Dose, die die Rückseite des Messers bilden, können mit
einem kleinen Stück feinem Schmirgelleinen oder feinem Sandpapier
geglättet werden. Durch leichtes Reiben der Kanten mit dem Schmirgelleinen
werden sie stumpf, so dass sie weniger dazu neigen, sich die Finger zu
schneiden. Dies gilt nur für das flache Stück Blech, das die Rückseite oder
Oberseite des Messers bildet, denn die Kanten des Schneidstreifens sollten
scharf bleiben.

Stanzen Sie zwei oder mehr Löcher durch die Rückseite des Keksausstechers,
um Luftschlitze zu bilden, wie Sie es bei der Herstellung des Keksausstechers
getan haben.

**Der Griff.** — Ein Griff für den Plätzchenausstecher kann genauso angefertigt werden wie der Griff für den Keksausstecher. Ein Blechstreifen mit einer Breite von 1¼ Zoll und einer Länge von 4 Zoll hat ungefähr die richtige Größe für den Griff. Die Kanten werden eingeklappt und der Streifen auf einem Amboss abgerundet und wie auf dem Foto gezeigt festgelötet.

Die Kanten des Griffs sollten direkt über dem darunter liegenden Schneidstreifen liegen.

Anschließend wird der Keksausstecher im Laugenbad ausgekocht oder mit heißem Wasser und starker Seife abgewaschen und ist dann einsatzbereit.

PLATTE VIII

Cooky cutter and tray candlestick made by the author

Ash trays made by the author

Keksausstecher und Tablett-Kerzenständer vom Autor

Aschenbecher des Autors

# KAPITEL VII
## TABLETTS

**Umdrehen der Kanten von runden Tabletts – mit dem Formhammer – Herstellung eines Aschenbechers und eines Streichholzschachtelhalters**

Aus Blechdosen können verschiedene runde Tabletts hergestellt werden. Diese sind sehr einfach herzustellen und sehr attraktiv und praktisch für Aschenbecher, Flaschengießer und dergleichen. In der Mitte des Tabletts kann ein Streichholzschachtelhalter angelötet werden, was jeder Raucher zu schätzen weiß. Diese einfachen Tabletts haben sich als eines der beliebtesten Probleme für bestimmte verwundete Soldaten in einem amerikanischen Stützpunktkrankenhaus in Frankreich erwiesen.

**Kanten von runden Tabletts umdrehen . —** Wählen Sie eine ziemlich große Dose aus, die Sie für ein Tablett zuschneiden können. Eine Dose mit einem Durchmesser von 10 bis 15 cm eignet sich am besten, um mit der Tablettherstellung zu beginnen. Diese Dose sollte rund sein, da die quadratischen Dosen beim Umdrehen nur sehr schwer bis gar nicht zu handhaben sind.

Stellen Sie die Trennwände auf 1¼ Zoll ein und zeichnen Sie eine Linie parallel zum Boden der Dose. Schneiden Sie die Dose ab und achten Sie darauf, sie an der Ritzlinie so gerade wie möglich abzuschneiden.

Legen Sie einen quadratischen Ahornblock in den Schraubstock. den gleichen Ahornblock, den Sie zum Drehen der Kanten des Griffs des Keksausstechers verwendet haben. Stellen Sie sicher, dass die Kanten des Blocks quadratisch und scharf sind.

Abb. 23 dargestellt .

ABB. 23.

Legen Sie die Kante des Tabletts so auf die Kante des Holzblocks, dass die ¼ Zoll von der Kante nach unten gezeichnete Linie direkt über der Kante des Blocks liegt, wie in Abb. 24 a dargestellt.

Kippen Sie das Tablett zurück auf den Block, bis die Kante etwa ¹⁄₁₆ Zoll von der Oberfläche des Blocks absteht und die Linie immer noch direkt über der Kante des Blocks liegt.

**Verwendung des Formhammers.** —Nehmen Sie den speziellen Formhammer und beginnen Sie mit dem abgerundeten Ende, die Dose bis zum Block zu hämmern, wobei Sie das Blech weiterhin geneigt halten, wie in Abb. 24 gezeigt *b* . Drehen Sie das Tablett beim Hämmern um, so dass das Tablett beim Drehen auf dem Block durch die Schläge des Hammers leicht nach außen gewölbt wird.

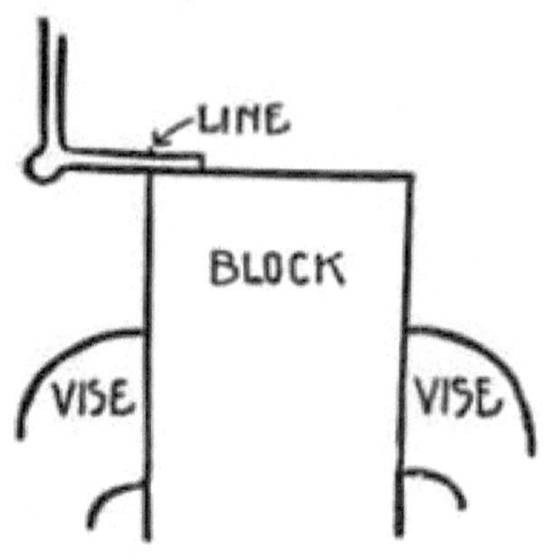


ABB. 24 *a* .

ABB. 24 *b* .

Achten Sie darauf, die Dose sehr vorsichtig und gleichmäßig zu hämmern und achten Sie darauf, dass Sie sie an einer Stelle nicht stärker nach unten ziehen als an einer anderen. Zinn hält bei sanfter und gleichmäßiger Handhabung erheblichen Dehnungen stand, starke Hammerschläge dehnen es jedoch aus und reißen, und bei ungleichmäßiger Dehnung reißt es.

1/2 Zoll vom Block ab , sondern kippen Sie das Tablett jedes Mal ein wenig weiter nach hinten, wenn Sie mit dem Hammer ganz um ihn herum hämmern. Die Dose bördelt schnell, und nachdem Sie drei- oder viermal mit

dem Hammer rund um das Blech gehämmert haben, sollte der Rand etwa
den in Abb. 25 , Nr. III ANGEGEBENEN WINKEL ERREICHEN.

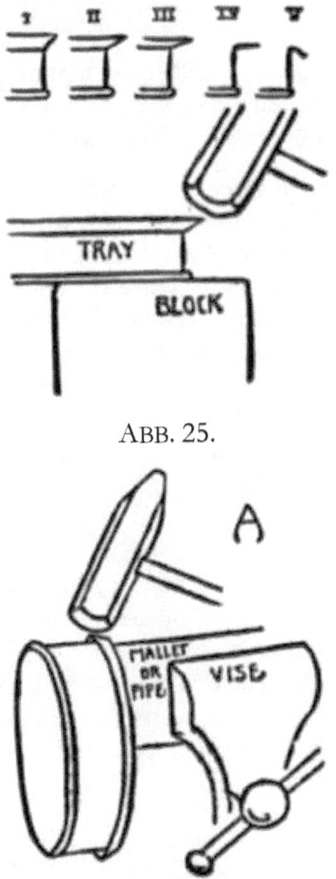


ABB. 25.



ABB. 26.

Versuchen Sie, mit dem Hammer so zu hämmern, dass die Dose von der
geritzten Linie aus gleichmäßig umgebördelt wird. Die Hammerschläge
sollten auf die Linie gerichtet sein, die immer am Rand des Blocks aufliegt,
und nicht auf den Rand der Dose.

Wenn die Kante so weit umgedreht wurde, wie in Abb. 25 , Nr. III
DARGESTELLT , ändern Sie die Position des Tabletts, legen Sie die Unterseite
auf die Oberseite des Blocks und hämmern Sie vorsichtig auf die Kante, wie
in Abb. 25 gezeigt bis die Kante oder der Flansch im rechten Winkel zur
Seite des Tabletts herausragt. Hämmern Sie weiter, bis der Rand des Tabletts
etwa in dem in Abb. 25 , Nr. V ANGEGEBENEN WINKEL STEHT .

Nehmen Sie den Ahornblock aus dem Schraubstock und befestigen Sie einen runden Holzhammer darin. Der Hammer hat einen Durchmesser von etwa 2½ bis 3 Zoll. Alternativ kann ein Stück Eisenrohr, wenn es im Schraubstock gehalten wird, als Amboss anstelle des Hammers verwendet werden .

Hängen Sie das Tablett über das Ende des Hammers oder Rohrs und halten Sie es fest in Position. Drehen Sie es langsam um den Amboss, während die Kante auf die Seite des Tabletts geschlagen wird, Abb. 26 .

Versuchen Sie nicht, die Kante auf einmal herunterzuschlagen, sondern gehen Sie mehrmals mit dem Hammer vollständig um den gedrehten Flansch oder die Kante herum, hämmern Sie dabei ganz leicht und biegen Sie die Kante jedes Mal weiter nach unten, wenn das Tablett herumgehämmert wird. Die Flansche oder das gedrehte Teil werden beim Drehen leicht Falten werfen, aber wenn die Kante von Anfang an gleichmäßig und langsam gedreht wurde, wird diese Faltenbildung nicht ins Gewicht fallen, da sich die Falten nach und nach herausarbeiten. Versuchen Sie, so zu hämmern, dass der Rand oder die Oberseite des Tabletts abgerundet bleibt und nicht zusammengehämmert wird ( Abb. 27 ).

Wenn der Rand vollständig nach innen gedreht ist und die Seiten berührt, drehen Sie den Formhammer um und hämmern Sie mit dem keilförmigen Ende die Falten heraus. Achten Sie dabei darauf, dass Sie in den Rand hinein hämmern, um den Rand des Tabletts nicht abzuflachen, Abb. 28 . Der Rand sollte wie in Abb. 27 aussehen , dann ist Ihr Tablett fertig und kann in der Laugenlösung ausgekocht und bemalt werden.

ABB. 27.

Die Ränder des Tabletts können in jeder Höhe ausgeführt werden, die dem Hersteller passt. Versuchen Sie jedoch niemals, den Rand um weniger als ¼ Zoll und nicht mehr als ⅜ Zoll umzubiegen, da beides sehr schwierig, wenn nicht gar unmöglich ist.

Die Dose wird beim Wenden erheblich beansprucht, und die ¼ Zoll, die für die umgedrehte Kante des oben beschriebenen Tabletts markiert sind, betragen beim Wenden etwa ¾ Zoll .

Dieser Drehvorgang wird häufig für die Endbearbeitung der Kanten verschiedener zylindrischer und gekrümmter Oberflächen verwendet, die bei Blechdosen verwendet werden, da auf dem Werkstück niemals eine scharfe, dünne Kante zurückbleiben sollte.

**Herstellung eines Aschenbechers und eines Streichholzschachtelhalters** . — Machen Sie ein Tablett mit einem Durchmesser von etwa 15 cm und einer Höhe von etwa ¾ Zoll, wenn der Rand umgedreht ist, und suchen Sie sich dann eine kleinere Dose mit einem Durchmesser von etwa 2½ Zoll heraus, z. B. eine Suppen- oder Backpulverdose. Zeichnen Sie eine Linie rund um diese Dose, 2,5 cm vom Boden entfernt. Schneiden Sie die Dose bis zu dieser Linie ab und platzieren Sie die Dose mit dem Boden nach oben in der Mitte des Bodens des ersten Tabletts. Halten Sie sie mit einem Holzstab fest und löten Sie sie an das Tablett.

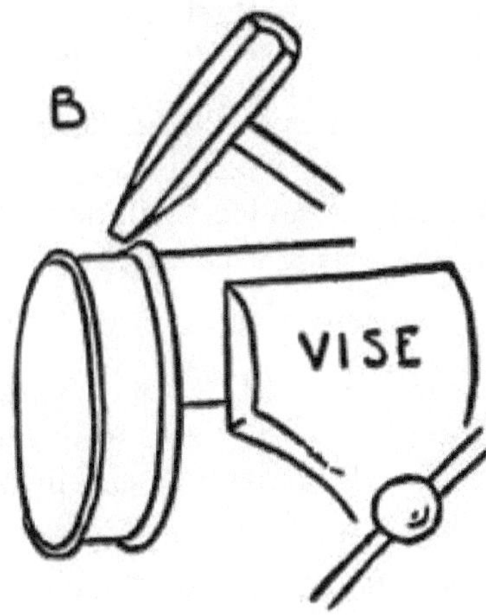


ABB. 28.

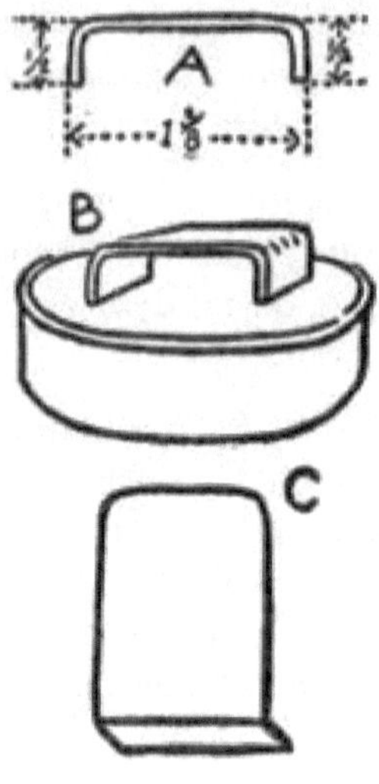


ABB. 29.

Öffnen Sie eine Schachtel mit Sicherheitsstreichhölzern und messen Sie den Durchmesser des Endes der Schachtel, in dem sich die Streichhölzer befinden. Das übliche Maß des Endes der Innenbox beträgt ⅝ x 1⅜ Zoll.

Schneiden Sie einen ⅝ Zoll breiten und 2⅛ Zoll langen Streifen aus der Dose ab. Machen Sie eine Markierung ½ Zoll von jedem Ende des Streifens entfernt und biegen Sie die Dose an jedem Ende im rechten Winkel, wobei Sie jede Markierung für die Biegung verwenden.

Der Streifen sollte dann wie in Abb. 29, *A dargestellt aussehen*. Löten Sie diesen Streifen in der Mitte der kleinen Dose, wie in Abb. 29 , *B gezeigt* , aber stellen Sie sicher, dass der Deckel der Streichholzschachtel darüber gleiten kann, bevor Sie ihn festlöten.

Schneiden Sie zwei Stücke Blech mit einer Breite von 1½ Zoll und einer Länge von 2½ Zoll ab. Achten Sie darauf, dass sie perfekt quadratisch geschnitten sind. Markieren Sie von einem Ende jedes Stücks eine Linie im Abstand von ¼ Zoll und drehen Sie die Dose von dieser Markierung aus im rechten Winkel zum Rand.

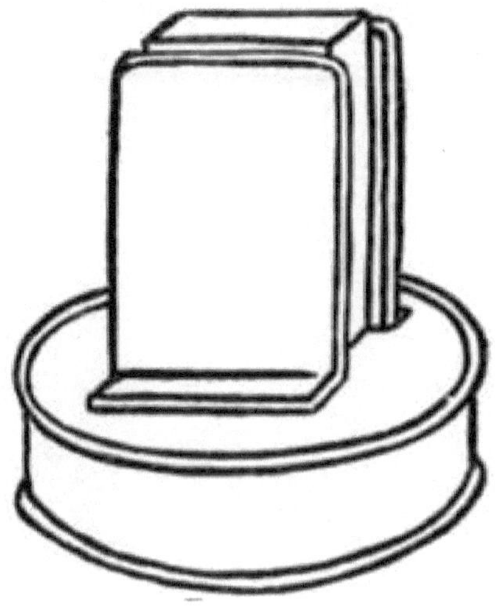

ABB. 30.

Die Ecken an den gegenüberliegenden Enden jedes Stücks sollten durch Schneiden mit der Schere abgerundet werden, wie in Abb. 29 , *C gezeigt* . Runden Sie die Kanten mit etwas feinem Schmirgelleinen ab. Platzieren Sie den Deckel der Streichholzschachtel über dem mit der Dose verlöteten Zinnstreifen in der Mitte der Schale. Legen Sie die beiden Blechstücke an die beiden gegenüberliegenden Seiten der Streichholzschachtel, wie in Abb. 29 *gezeigt* . Bewegen Sie sie dann etwas von der Dose weg und markieren Sie die Position der Flanschenden, an denen sie auf der Dose aufliegen. Entfernen Sie den Boxdeckel und löten Sie diese Zinnstücke fest. Achten Sie darauf, diese Teile so zu verlöten, dass der Deckel der Streichholzschachtel leicht dazwischen rutscht und über den gebogenen Blechstreifen an der Unterseite passt. Der Aschenbecher und der Streichholzschachtelhalter sind dann fertig und bereit für das Laugenbad und das Streichen.

Um zu verhindern, dass die heiße Asche den Lack verbrennt, sollten Sie die Aschenbecher zusätzlich mit hochwertigem Holmlack überziehen. Dieser Lack sollte erst aufgetragen werden, nachdem die erste Schicht bzw. die ersten Farbschichten vollständig getrocknet sind.

Die Höhe der Tabletts am Rand kann je nach Bedarf geändert werden, ebenso wie die Höhe und Form der in der Mitte des Tabletts verlöteten Dose. Die Messungen dienen lediglich der Vereinfachung der Lösung dieser ersten Probleme. Es sollte jede Anstrengung unternommen werden, sich eigene Probleme auszudenken und sich dabei die Anregungen aus den Formen der Dosen selbst zu holen. So kann eine quadratische Dose in die Mitte des Tabletts gelötet werden, und kleine halbzylindrische Mulden aus

Zinn können an den Rand des Tabletts gelötet werden, um brennende
Zigarren und Zigaretten aufzunehmen.

# KAPITEL VIII
## Ein Tablett-Kerzenhalter

## DER KERZENFASSUNG – EIN LOCH IN DEN TROPFBECHER SCHNEIDEN – HERSTELLUNG DES GRIFFS

Nachdem der Aschenbecher und der Streichholzschachtelhalter erfolgreich fertiggestellt sind, sollte als nächstes das Problem des Kerzenhalters in Angriff genommen werden, dessen Foto auf der gegenüberliegenden Seite abgebildet ist. Dieses Problem stellt einige interessante und lehrreiche Form- und Lötvorgänge dar und sollte durchgeführt werden, bevor versucht wird, den Spielzeug-Autolastwagen herzustellen.

Zunächst sollten zwei Tabletts hergestellt werden – eines für den Sockel des Kerzenständers und eines für den Tropfbecher. Die Kanten beider Bleche sollten vorsichtig umgedreht werden.

**Der Kerzensockel .** — Als nächstes wird der Kerzensockel angefertigt, der auch zur Verbindung beider Tabletts dient. Schneiden Sie ein 2¾ x 3½ Zoll großes Stück Blech ab, stellen Sie die Trennwände auf ¼ Zoll ein und zeichnen Sie eine Linie ¼ Zoll innerhalb der drei Kanten des Stücks, wie in Abb. 31, Nr. 1 gezeigt. Schneiden Sie die Ecken ab und falten Sie den mit *A gekennzeichneten Streifen nach unten* , flach gegen die Dose. *C* und *B* sollten teilweise umgeschlagen, aber nicht geschlossen sein, Abb. 31 , Nr. 2. Diese beiden Klappen, *C* und *B* , müssen miteinander verriegelt werden, um eine verriegelte Naht zu bilden, wie in Nr. 3 gezeigt.

Wenn diese Naht oder Verbindung lediglich überlappt und zusammengelötet würde, würde der Kerzensockel auseinanderschmelzen, wenn man die Kerze darin abbrennen ließe.

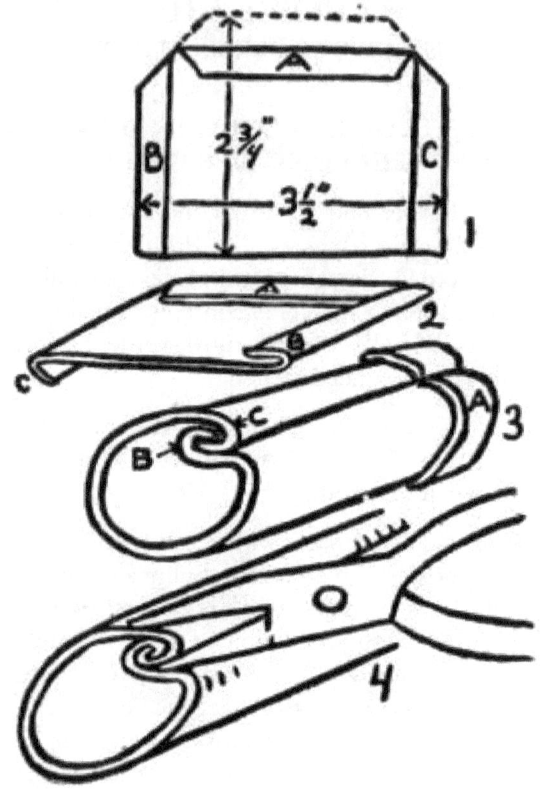

ABB. 31.

Legen Sie eine kleine Eisenstange in die Schraubstockbacken – diese Stange oder dieses Rohr sollte einen Durchmesser von etwa ¾ Zoll haben und dient als Amboss, über den Sie den Kerzensockel runden.

Legen Sie das Stück Dose, das für den Kerzensockel verwendet werden soll, mit der Falte *A nach oben auf den Amboss. Biegen Sie die Dose* mit der Hand oder mit leichten Hammerschlägen um den Amboss und achten Sie darauf, die Klappen *B* und *C* nicht zu verschließen Sie runden das Stück über dem Amboss ab. Sie können den Sockel zunächst nicht in eine perfekte zylindrische Form bringen, bis *B* und *C* wie in Nr. 3 gezeigt zusammengefügt sind. Runden Sie das Teil einfach so gut wie möglich auf, bis Klappe *B in Klappe C* passt . Drücken Sie dann *B* und *C* mit einer Flachzange zusammen, wie in Nr. 4 gezeigt.

Wenn die beiden Nähte zusammengefügt oder verriegelt sind, sollte die Muffe erneut auf die Stange gesetzt und das Hämmern fortgesetzt werden, bis die Muffe zylindrisch ist und die Naht zusammengehämmert wird.

Untersuchen Sie eine Blechdose – die meisten davon haben seitliche Nähte.

Bei sorgfältiger Herstellung sollte dieser Sockel für eine gewöhnliche Kerze mit einem Durchmesser von ⅞ Zoll geeignet sein.

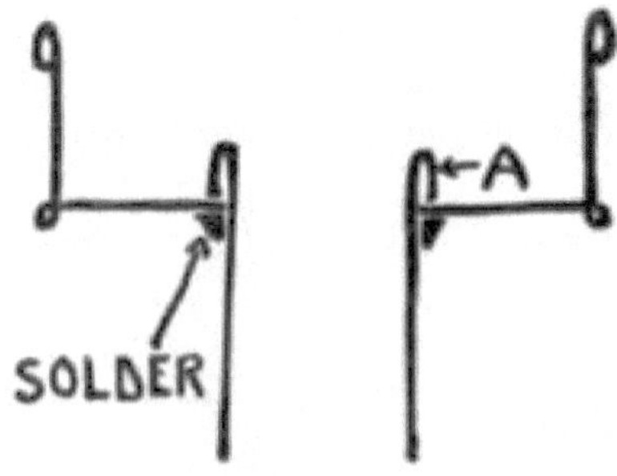


ABB. 32.

**Schneiden Sie ein Loch in den Tropfbecher .** — Wenn der Kerzensockel fertig ist, sollte dafür ein Loch durch den Boden des Tropfbechers geschnitten werden. Der Stutzen wird durch dieses Loch geschoben, bis die Unterseite des Flansches *A* am Boden der Tropfschale anliegt, siehe Abb. 32 . Mit einem kleinen Meißel sollte das Loch durch den Boden des Tropfbechers geschnitten werden. Der Tropfbecher wird auf einen kleinen Holzblock gelegt, der in den Schraubstockbacken gehalten wird, und der Meißel wird auf die gleiche Weise wie ein Stempel verwendet, wobei das Ende des Holzblocks die Dose stützt, während der Meißel durch sie schneidet. Die Schneide des Meißels sollte etwa 1/8 Zoll breit und sehr scharf sein. Ein solcher Meißel kann bei den meisten Werkzeughändlern erworben werden, oder es kann ein ⅛-Zoll-Nagelsatz gekauft und das Ende auf einem Schleifstein auf eine Meißelspitze geschliffen werden. Für einen Meißel kann ein gewöhnlicher Stahlnagel verwendet werden, wenn die Spitze vollständig abgefeilt und das Ende des Nagels bis zur Meißelspitze gefeilt wird. Der Schaft des Nagels sollte einen Durchmesser von ⅛ Zoll haben.

Setzen Sie den unteren Rand der Kerzenfassung in die Mitte des Tropfbechers und zeichnen Sie mit einem spitzen Bleistift oder einer Stahlnadel eine Linie um ihn herum. Stellen Sie dann den Tropfbecher auf einen Holzblock und schneiden Sie die Blechscheibe innerhalb der Linie aus, indem Sie der Linie mit einer Reihe von Meißelschnitten folgen. Achten Sie darauf, das Loch nicht zu groß zu schneiden – es sollte gerade noch in den Kerzensockel passen, wie in der Schnittzeichnung Abb. 32 gezeigt . Mit einer halbrunden Feile können Sie eventuelle raue oder gezackte Kanten, die beim Meißelschneiden entstanden sind, abfeilen.

**Den Griff herstellen .** — Als nächstes sollte ein Griff aus einem 1½ x 8 Zoll großen Stück Blech hergestellt werden. Der Griff sollte spitz zulaufend

ausgeführt werden, eine Maßzeichnung hierfür ist in Abb. 33 dargestellt .
Wenn die Dose in die gezeigte Form geschnitten ist, sollten die Trennwände
auf ³/₁₆ Zoll eingestellt werden und eine Linie von ³/₁₆ Zoll auf jeder Seite
des Griffs eingezeichnet werden. Die Dose sollte an diesen Linien umgefaltet
werden, damit die Seiten des Griffs schön abgerundet und stabiler werden.
Anweisungen zum Erstellen einer geraden Falte finden Sie auf Seite 50 und
müssen hier nicht wiederholt werden, da der Vorgang sehr einfach ist.

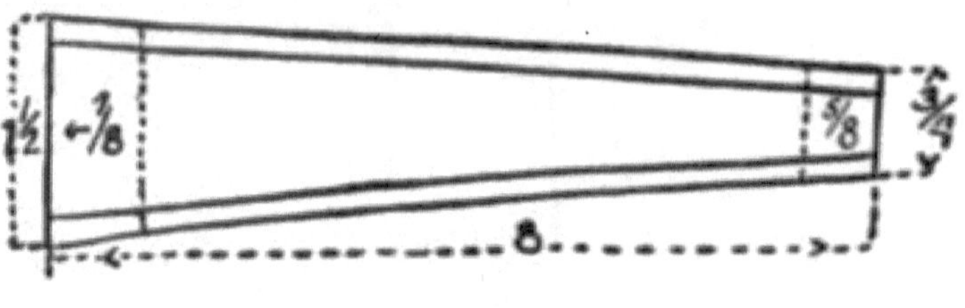

ABB. 33.

Der Griff sollte wie in Abb. 34 dargestellt geformt sein . Es kann geformt
oder geformt werden, indem man es über einen runden Amboss legt und mit
einem Hammer genau so umgeht, wie der Griff des Keksausstechers geformt
wurde, siehe Abb. 35, nur dass der Griff für den Kerzenständer dann besser
aussieht Wenn die Falten außen bleiben, siehe Abb. 34 .

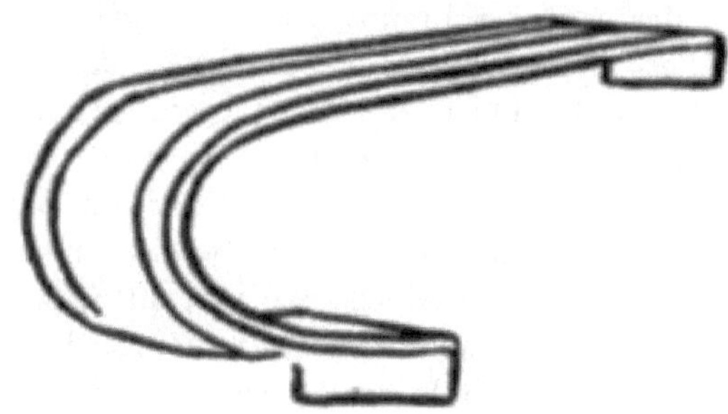

ABB. 34.

ABB. 35.

Die Enden des Griffs sollten im rechten Winkel umgebogen werden, wie in Abb. 34 dargestellt . Das kleine Ende wird über den Tropfbecher und das große Ende über den Rand des Tabletts oder den Boden des Kerzenständers gehakt.

Die verschiedenen Teile des Kerzenhalters können nun zusammengelötet werden. Die Fassung sollte in den Tropfbecher eingesetzt und diese beiden zunächst zusammengelötet werden. Tragen Sie das Lot auf die Unterseite der Tropfschale und des Sockels in dem Winkel auf, in dem sich Sockel und Tropfschale treffen, wie in Abb. 32 dargestellt .

Wenn der Sockel und der Tropfbecher zusammengelötet sind, sollten sie in der Mitte der Bodenschale positioniert und festgelötet werden. (Der Kerzenständer sieht viel besser aus, wenn die Nähte an der Seite des Tropfbechers, der Fassung und der Bodenschale beim Zusammenlöten des Kerzenständers miteinander übereinstimmen.)

Als letztes wird der Griff angebracht und mit dem Tropfbecher und der Bodenschale verlötet – so entsteht der Kerzenständer.

Durch Ändern des Durchmessers und der Form der für die Tabletts verwendeten Dosen sowie der Länge der Kerzenfassung und der Form des Griffs können viele ansprechende Varianten dieses einfachen und praktischen Kerzenständers hergestellt werden.

# KAPITEL IX
## NIETEN

**AUS EINER BLECHDOSE EINEN EIMER HERSTELLEN – ÜBERSCHÜSSIGES ZINN AM RAND ABSCHNEIDEN – DIE ÖSEN FÜR DEN GRIFF FORMEN – DIE ÖSEN IN POSITION NIETEN – EINEN DRAHTGRIFF BILDEN**

Das Nieten ist einer der nützlichsten Vorgänge im Zusammenhang mit der Metallbearbeitung aller Art und wird sehr häufig bei der Zinnverarbeitung eingesetzt, wo es nicht ratsam ist, das Metall mit Lot zu verbinden. oder Nieten können in Verbindung mit einer Lötverbindung verwendet werden, um diese zu verstärken und um zu verhindern, dass die verbundenen Teile abschmelzen, wie z. B. die Laschen oder Griffhalter an einem zum Kochen verwendeten Eimer usw.

Das Nieten ist ein sehr einfacher Vorgang. Die Nieten werden normalerweise mit einem flachen oder abgerundeten Kopf hergestellt, der an einem kurzen zylindrischen Schaft oder Schaft befestigt ist. Durch jedes zu verbindende Metallstück wird ein Loch gestanzt. Die Metallstücke werden so zusammengefügt, dass die Löcher auf einer Linie liegen, und ein Nietschaft wird durch diese Löcher geschoben. Der Kopf der Niete wird dann auf einen Flacheisen- oder Stahlamboss gelegt und das kopflose Ende wird so lange gehämmert, bis sich ein zweiter Kopf bildet und so die beiden Metallstücke fest zusammenhält.

Der Eimer stellt ein sehr einfaches Problem beim Nieten dar und es ist sehr einfach, aus einer Blechdose einen großen Eimer herzustellen.

**Einen Eimer herstellen .** — Wählen Sie für den Eimer eine große, saubere, runde Dose. Eine 1-Gallonen-Obst- oder Gemüsedose ergibt einen sehr nützlichen Eimer. Schneiden Sie die restliche Dose vom Deckel mit einem Dosenöffner ab, achten Sie aber darauf, den Rand der Dose nicht zu beschädigen. Dosen mit gerolltem Rand eignen sich am besten für Eimer.

Beim Abschneiden des Deckels verbleibt in der Regel am Rand eine gezackte Kante, die abgeschnitten und die verbleibende Dose dicht am Rand festgehämmert werden muss. Wenn mehr als ¼ Zoll des Blechs des Dosendeckels neben dem Rand der Dose verbleibt, sollte es mit der Metallschere abgeschnitten werden, bis ein etwa ¼ Zoll breiter Streifen Zinn neben dem Rand verbleibt.

**Überschüssiges Zinn am Rand abschneiden.** — (Eine gebogene Metallschere ist für kreisförmige Schnitte dieser Art sehr nützlich, wenn Sie sie haben, aber das überschüssige Blech kann mit der geraden Schere abgeschnitten werden, wenn damit kleine Schnitte gemacht werden.)

Schneiden Sie in die Blechdose daneben Schneiden Sie die Felge mit der Schere ab – der Schnitt sollte im rechten Winkel zur Felge erfolgen und bis in die Felge reichen. Nehmen Sie nun eine starke Flachzange und fassen Sie damit die Dose rechts vom Schnitt fest und beginnen Sie mit einer schnellen Abwärtsbewegung der Zangenbacken, die Dose neben dem Rand abzubrechen, wie in Abb. 36 gezeigt. Die Dose bricht im Winkel des Deckels und des Randes ab und sollte sich mit einer Reihe schneller Abwärtsbewegungen der Zangenbacken leicht lösen lassen – bei jeder Abwärtsbewegung der Zangenbacken und der Enden der Zange sollte ein neuer Griff ergriffen werden Die Zangenbacken sollten jedes Mal, wenn sie in eine neue Position bewegt werden, gegen die Felge gedrückt werden.

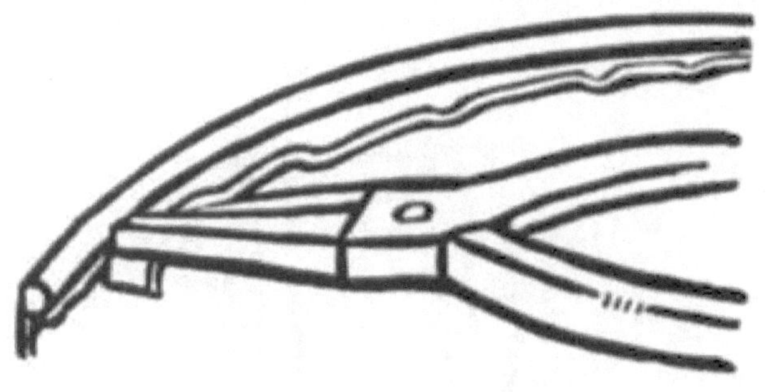

ABB. 36.

Wenn die Dose weggeschnitten ist, legen Sie den Rand der Dose auf das Ende des Ahornblocks und schlagen Sie die Dose mit dem abgerundeten Ende des Formhammers fest auf den Rand, siehe Abb. 37. Der Eimer ist dann bereit für die seitlichen Laschen oder Griffhaltestücke. Diese sind zu verlöten und zu vernieten.

**Formen der Laschen für den Griff.** – Schneiden Sie zwei Blechstücke mit den Maßen jeweils 1½ x 3½ Zoll zu, falten Sie an jeder Längsseite dieser beiden Stücke jeweils ¼ Zoll und falten Sie dann jedes Stück doppelt mit den Falten nach außen, wie in Abb. 38 gezeigt. Schneiden Sie die Ecken ab, setzen Sie dann die Laschen auf den Ahornblock und stanzen Sie etwa an der gezeigten Position drei Löcher. Achten Sie darauf, dass die Löcher etwas größer sind als die Schäfte der zu verwendenden Nieten, aber achten Sie darauf, dass die Löcher nicht viel größer als die Nieten werden.

Nieten werden im Baumarkt aus glattem schwarzem Weicheisen und auch verzinnt geliefert. Die verzinnten Nieten eignen sich am besten für Zinnarbeiten, da sie bei Bedarf leicht an die Arbeit gelötet werden können. Diese verzinnten Nieten werden zur Darstellung von Wasserhähnen, Wasserhähnen usw. bei der Herstellung von Blechdosenspielzeugen verwendet. Es sollten mehrere Dutzend oder eine Schachtel mit verzinnten Nieten Nr. 14 gekauft werden.

ABB. 37.

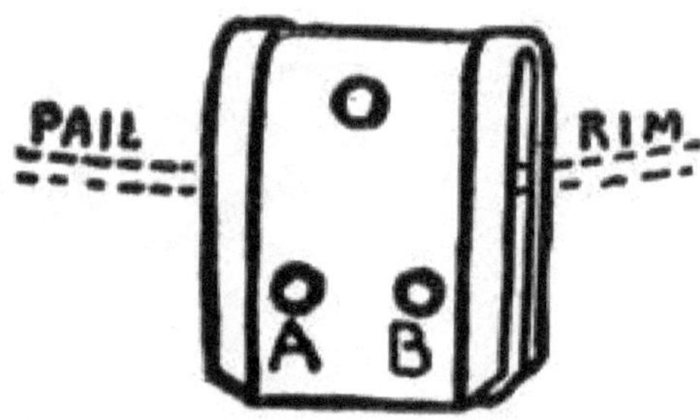



ABB. 38.

**Nieten der Laschen in Position bringen.** — Löten Sie die beiden Laschen auf jeder Seite der Oberseite des Eimers fest. Diese beiden Löcher sollten unterhalb des Randes liegen.

Platzieren Sie den Eimer über einem runden Holzscheit, das im Schraubstock gehalten wird, und stanzen Sie die Löcher $A$, $B$ durch die Dose des Eimers, wobei Sie die zuvor in die Laschen des Eimers gestanzten Löcher als Orientierung verwenden.

Nehmen Sie den Holzklotz aus dem Schraubstock und legen Sie ein großes Stück Rundrohr hinein, das als Amboss zum Nieten dient. Stecken Sie eine Niete durch das Loch $A$ und setzen Sie den Eimer so auf das Rohr, dass der Kopf der Niete auf dem Eisenrohr aufliegt. Nehmen Sie einen kleinen Niethammer oder einen kleinen Maschinenhammer und schlagen Sie das kleine Ende der Niete ein, das über das Werkstück hinausragt, siehe Abbildungen. 39 und 40 . Hämmern Sie lieber vorsichtig mit vielen leichten, schnellen Schlägen statt mit ein paar heftigen Schlägen. Durch die leichten Schläge bildet sich tendenziell ein besserer Kopf auf der Niete und das Metall bleibt sicherer an Ort und Stelle.

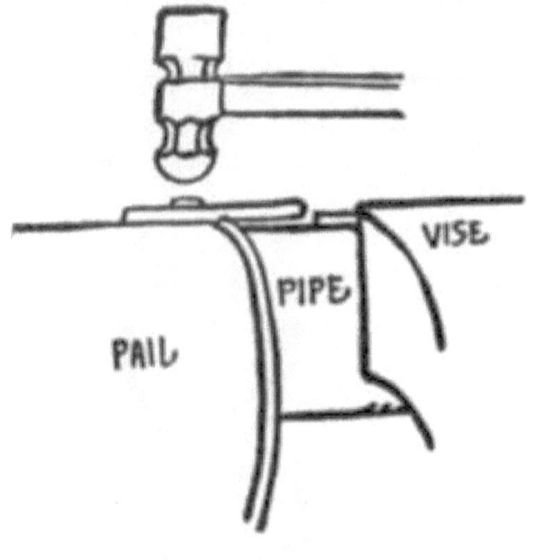


ABB. 39.

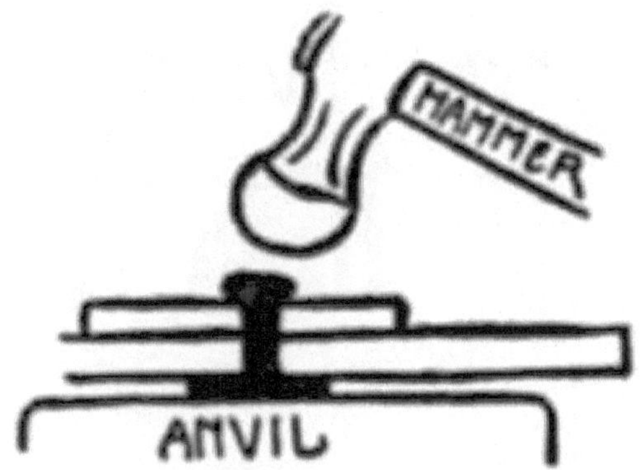


ABB. 40.

Nachdem Sie etwas Erfahrung im Nieten gesammelt haben, werden Sie feststellen, dass sich der Kugelhammer oder das abgerundete Ende eines Maschinenhammers besser zum Nieten eignet als ein Hammer mit flachem Ende.

Wenn in jede Lasche zwei Nieten gesetzt sind, ist der Eimer bereit für den Griff.


**Einen Drahtgriff formen.** — Eimergriffe können aus verzinktem ⅛-Zoll-Draht oder einem beliebigen Stück starken, steifen Drahtes hergestellt werden, der handlich ist. Der verzinkte Draht eignet sich am besten, da er nicht rostet.

Schneiden Sie ein 14 Zoll langes Stück Draht ab. Versuchen Sie nicht, diesen Draht mit Ihrer Metallschere zu durchtrennen, sondern verwenden Sie, falls vorhanden, eine schwere Drahtschneidezange. Eine einfache Methode zum Schneiden von Draht besteht darin, den Draht in einen Schraubstock zu legen und mit der Ecke einer Feile durchzuschneiden.

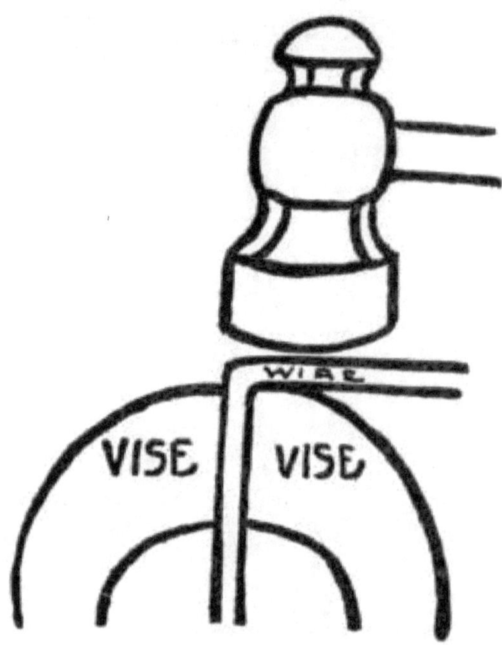


ABB. 41.

ABB. 42.

Der Versuch, dicken Draht mit der Metallschere zu schneiden, wird ihn ruinieren; außerdem kannst du es nicht machen.

Markieren Sie 1¾ Zoll von jedem Ende des Drahtstücks, das Sie für den Griff geschnitten haben, und biegen Sie jedes Ende von dieser Markierung aus im rechten Winkel nach unten, siehe Abb . 42 , *A*.

Dies lässt sich leicht bewerkstelligen, indem Sie den Draht so in den Schraubstock einlegen, dass die Biegemarkierung genau an der Oberseite der Schraubstockbacken liegt, und dann den Draht mit einem Hammer im rechten Winkel umbiegen, siehe Abb. 41 .

Legen Sie den Draht über das im Schraubstock gehaltene Rohr und runden Sie ihn mit einem Holzhammer in die in Abb. 42 , *B gezeigte Form* . Schieben Sie die Enden des Drahtgriffs durch die dafür gestanzten Löcher in den Laschen am Eimer und drehen Sie dann den Draht an den Enden mit einer schweren Zange nach oben, bis er wie in Abb. 42, C, aussieht und der *Eimer* ist vollendet.

Rand besteht, kann er bedenkenlos zum Kochen im Lager verwendet werden, da keine Gefahr besteht, dass er über dem Feuer zerschmilzt. Wenn der Eimer mit einem Ausgießer und einem Deckel versehen wird, eignet er sich hervorragend als Kaffeekanne. Eine Kaffeekanne und weitere Kochutensilien sind in Abb. 95 dargestellt .

# KAPITEL X
## EINEN SPIELZEUGAUTO-LKW BAUEN

**DIE RÄDER – VIER MÖGLICHKEITEN, RÄDER AUS BLECHDOSEN ZU HERSTELLEN – EIN RAD AUS EINER DOSE MIT GELÖTETEN ENDE HERSTELLEN – RÄDER AUS DOSEN MIT GEROLLTEM RAND HERSTELLEN – ZWEI ARTEN VON RÄDERN AUS DOSENDECKELN**

Aus Blechdosen kann ein sehr einfacher und robuster Spielzeugauto-Lastwagen hergestellt werden. Wenn die oben genannten Probleme sorgfältig gelöst wurden, gibt es keinen Grund, warum es schwierig sein sollte, den LKW zu bauen, vorausgesetzt, die Anweisungen werden sorgfältig befolgt.

Da die Konstruktion eines Lastkraftwagens für so viele Spielzeuge auf Rädern typisch ist, wurde er als der beste Typ für den Anfang ausgewählt. Verschiedene Anbauteile wie Lichter, Kotflügel, Trittbretter, Griffe, Werkzeugkästen usw. können hinzugefügt werden, jedoch erst, nachdem das einfache LKW-Chassis, die Motorhaube, der Sitz und die Räder erfolgreich zusammengebaut wurden. Dieses erste wirkliche Problem im Spielzeugbau sollte so einfach wie möglich gehalten werden.

Räder stellen den wichtigsten Teil eines jeden Rollspielzeugs dar, daher werden diese zuerst behandelt und jede Methode zu ihrer Herstellung ausführlich besprochen.

**Vier Möglichkeiten, Räder aus Blechdosen herzustellen .** — Für die Herstellung von Rädern können beide Arten von Blechdosen verwendet werden, die Dose mit gerolltem Rand und die Dose mit gelötetem Flansch, aber die Methode zur Herstellung des Rades ist für jede Art von Dose unterschiedlich. Die eindrückbaren Dosendeckel aus Melasse- und Sirupdosen können auch zur Herstellung von Rädern verwendet werden.

*Aus einer Dose mit gelöteten Enden ein Rad herstellen .* — Geeignete LKW-Räder können aus Kondensmilchdosen der kleinsten Größe hergestellt werden. Kondensmilchdosen sind zu groß für einen Kleinlastwagen, obwohl jede der oben genannten Dosen gelötete Flanschenden hat.

Der Inhalt dieser Kondensmilchdosen wird normalerweise durch eines von zwei Löchern in den Deckel gegossen. Dadurch ist die Abdeckung für die Herstellung einer Seite des Rades praktisch unbrauchbar, es sei denn, die Löcher sind klein, so dass für die Herstellung von vier Rädern acht Dosen verwendet werden müssen.

Wenn die Dosen seitlich mit einem Dosenöffner geöffnet werden, müssen jedoch vier Dosen verwendet werden, da dann jedes Ende der Dose intakt ist. Diese Räder werden hergestellt, indem man einen Deckel von der Dose entfernt, die Dose auf die erforderliche Radbreite zuschneidet und dann den Deckel wieder anlötet. Wenn die Enden der Dose intakt sind, wird die Dose in zwei Teile geschnitten, indem man mit dem Dosenöffner die Seiten der Dose umschneidet. Ein Teil der Dose wird wie bei der Herstellung eines Tabletts auf die erforderliche Höhe zugeschnitten; Diese Höhe stellt die Breite des Rades dar. Das Ende wird vom anderen Teil der Dose abgeschmolzen und dieses Ende wird über den ersten Teil der Dose gelegt, der auf die Breite des Rades zugeschnitten ist. Anschließend wird es festgelötet und das Rad entsteht.

Wer nicht genügend Kondensmilchdosen zur Hand hat, kauft lieber vier neue, gefüllte Dosen beim Lebensmittelhändler, denn mit Milch gefüllt kosten diese kleinen Dosen nur acht Cent.

ABB. 43.

Entleeren Sie die Dosen, indem Sie mit einem scharfen Dosenöffner einen Schlitz in die Seite schneiden, siehe Abb. 43 . Halten Sie die Dosen über ein Glas oder Gefäß, bis die Milch in das Glas läuft, und spülen Sie die Dosen dann mit heißem Wasser aus, wodurch auch das Etikett entfernt wird. Schneiden Sie mit dem Dosenöffner weiter um die Dose herum, bis sie vollständig halbiert ist. Alle vier Dosen sollten auf diese Weise geleert und in zwei Teile geschnitten werden. Was die Milch betrifft, weiß jeder Koch, was er damit machen soll.

Öffnen Sie die Trennwände auf ⅜ Zoll und zeichnen Sie eine Linie um den Boden einer der Dosen, die in zwei Teile geschnitten wurde. Verwenden Sie dabei die gelötete Kante des Randes, an der Sie einen Punkt der Trennwände anlegen können, wie in Abb. 44 gezeigt . Schneiden Sie die überschüssige Dose genau so ab, als würden Sie ein Tablett formen. Sollten die Dosen beim Schneiden mit dem Dosenöffner Dellen bekommen haben, legen Sie sie auf einen runden Amboss und entfernen Sie die Dellen durch leichtes Hämmern mit einem Holzhammer.

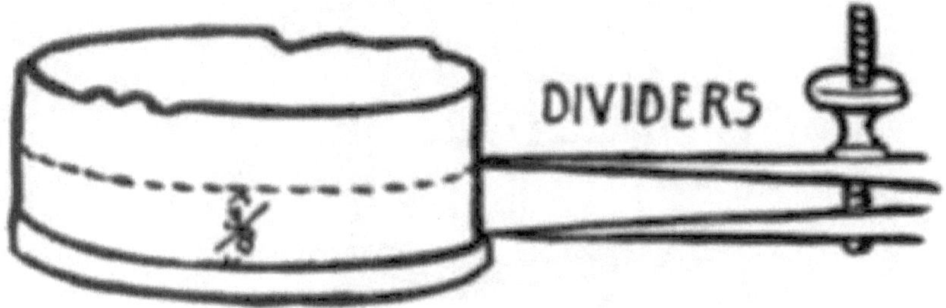


ABB. 44.

Nehmen Sie eine weitere halbe Dose und machen Sie einen Schnitt vom Rand bis zum unteren Flansch, wie in Abb. 45 gezeigt . Nehmen Sie eine alte Flachzange und halten Sie sie über eine offene Flamme, beispielsweise einen Gasherd oder die Flamme eines Kupferlötofens, bis das Lot in einer hellen Linie an der Verbindung von Dose und Deckel sichtbar ist, und nehmen Sie es dann zur Hand Schlagen Sie mit dem Formhammer ein oder zweimal kräftig auf den Deckel unten, wodurch der Deckel von den Seiten der von der Zange gehaltenen Dose weggeschleudert wird, siehe Abb. 45 . Benutzen Sie nicht Ihre gute Zange, um die Dose über die Flamme zu halten, da die Hitze die Dose schnell enthärtet und sie unbrauchbar macht.

Es ist nicht notwendig, die Dose rotglühend zu machen, um das Lot zu schmelzen.

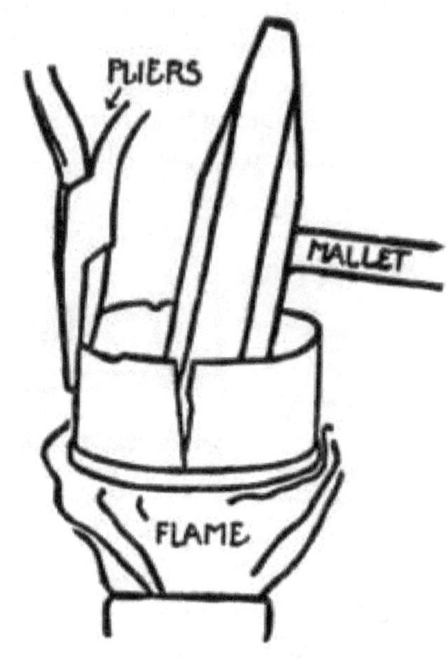



ABB. 45.

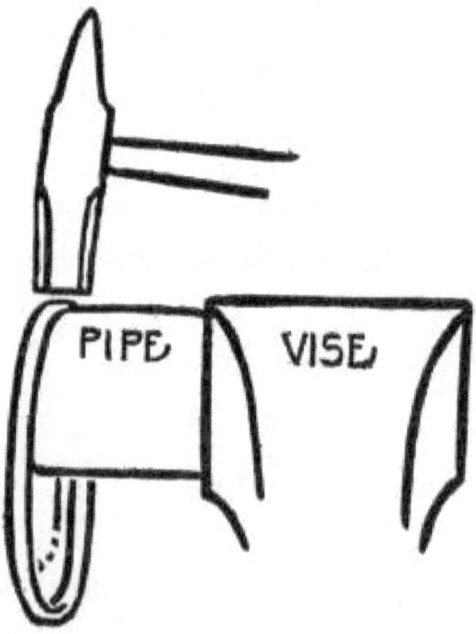



ABB. 46.

Wenn der Deckel abgenommen ist, versuchen Sie, ihn auf den anderen Teil der Dose zu montieren. Es wird sich dann als unmöglich erweisen, die Dose mit Gewalt in den Deckel zu drücken, ohne die Seiten der Dose einzubeulen.

Um den Deckel wieder auf die Dose zu setzen, muss der Rand bzw. Flansch am Rand des Deckels vergrößert werden. Der Rand der Seiten der Dose, die in den Deckel eingesetzt werden soll, sollte mit einer kleinen Flachfeile gefeilt werden, um die Dose zu entfernen, die beim Schneiden um die Dose herum von der Metallschere angehoben wird.

Um den Rand des Deckels zu vergrößern, legen Sie ihn über ein in einen Schraubstock gehaltenes Rohrstück und hämmern Sie mit einem leichten Hammer auf den Rand. Drehen Sie dabei den Deckel beim Hämmern langsam auf dem Amboss, siehe Abb. 46 . Versuchen Sie, den Deckel erneut auf die Dose zu montieren, nachdem Sie ein- oder zweimal rund um den Flansch gehämmert haben. Es sollte ohne großes Hämmern passen. Drücken Sie den Deckel der Dose zusammen und hämmern Sie ihn vorsichtig fest, wobei das Rad dabei flach auf der Werkbank liegt. Den Deckel festlöten und schon ist das Rad bis auf die Achslöcher fertig.

Auf dem Deckel aller Kondensmilchdosen befindet sich ein kleiner Tropfen Lot. Schmelzen Sie diesen mit einem heißen Lötzinn ab und genau in der Mitte des Deckels entsteht ein rundes Loch. Dieses Loch kann vergrößert werden, um den für die Achse verwendeten Draht aufzunehmen.

Finden Sie die Mitte der Radseite mit den Teilern, wie auf Seite 37, Kapitel II beschrieben .

Schlagen Sie mit einem Eispickel ein kleines Loch genau in die Mitte des Rades. Wenn für eine Achse verzinkter ⅛-Zoll-Draht verwendet werden soll, drücken Sie den Eispickel weiter in das Loch und drehen Sie dabei den Pickel, bis das Loch gerade groß genug ist, um in den Achsdraht zu passen. Wiederholen Sie den Vorgang auf der anderen Seite des Rads, bis das Loch dort vergrößert ist, um den Achsdraht aufzunehmen, Abb. 47 .

Wenn die Achslöcher nicht genau in der Mitte des Rades liegen, läuft es nicht rund. Mit ein wenig Sorgfalt beim Stanzen der Löcher läuft es genau genug für jedes Spielzeug.

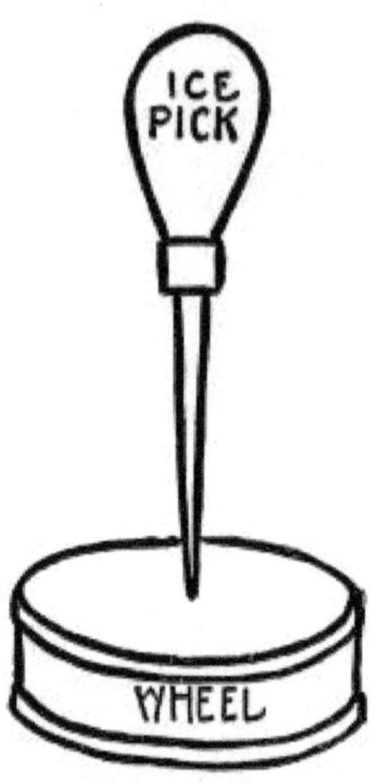


ABB. 47.

Wenn Sie eine Handbohrmaschine und einen Bohrer in der gleichen Größe wie der für eine Achse verwendete Draht besitzen, können Sie das Loch in die Mitte des Rades bohren, anstatt es durchzustanzen. Suchen Sie dazu zunächst die Mitte des Rades und machen Sie dann mit dem Eispickel oder einem kleinen Körner eine leichte Delle genau in der Mitte des Rades. Die Spitze des Bohrers wird in diese Vertiefung gesetzt, wenn mit dem Bohren des Lochs begonnen wird. Ich finde es besser, einen ¹⁄₁₆ -Zoll-Bohrer zu verwenden und damit zuerst ein Loch durch die Mitte des Rades zu bohren, dann einen Bohrer in der gleichen Größe wie das Achskabel zu verwenden und das ¹⁄₁₆ -Zoll-Loch damit zu vergrößern.

In jedem Fall sollte das Rad zusammengelötet werden, bevor die Löcher durch die Mitten gelegt werden. Stellen Sie die vier Räder fertig und legen Sie sie beiseite, bis der LKW fast fertig ist, da die Räder die letzten Dinge sind, die hinzugefügt werden müssen.

Für Achsen wird üblicherweise verzinkter Draht mit einem Durchmesser von ¹⁄₈ oder ³⁄₁₆ Zoll verwendet. Dieser Draht ist normalerweise in Baumärkten vorrätig. Es wird in der Regel in aufgerollter Form geliefert und muss vor der Verwendung gerade ausgerichtet werden. Von der Drahtspule wird ein Stück abgeschnitten, das lang genug ist, um die beiden Achsen herzustellen. Anschließend sollte es auf eine ebene Metalloberfläche gelegt und gerade gehämmert werden.

*Herstellung von Rädern aus Dosen mit gerolltem Rand*. — Aus Dosen mit gerolltem Rand kann ein sehr stabiles Rad verwendet werden. Dieses Verfahren unterscheidet sich geringfügig von dem bei gelöteten Flanschdosen. Räder mit einem Durchmesser von 2½ bis 6 Zoll können mit dieser zweiten Methode hergestellt werden, aber wenn dieser Radtyp nicht aus sehr kleinen Dosen hergestellt wird, ist er für den LKW nicht so gut geeignet wie Räder, die aus kleinen Kondensmilchdosen hergestellt werden.

Für die Herstellung von vier Rädern müssen acht Rollranddosen verwendet werden, es sei denn, die Dosen werden beim ersten Entleeren seitlich geöffnet. Um sich mit der Herstellung jedes Radtyps vertraut zu machen, sollten beide Radtypen hergestellt werden, da beide Typen bei der Herstellung der in diesem Buch gezeigten Modelle verwendet werden.

Dieser zweite Radtyp ist etwas einfacher herzustellen als der erste, aber Sie sollten wissen, wie man beide Typen herstellt, da Sie dann mit den Dosen, die Sie haben, viele verschiedene Radgrößen herstellen können. Der Rollrand wird bei der Herstellung großer Dosen häufiger eingesetzt als bei kleineren.

Um die Räder für einen LKW der hier beschriebenen Größe passend zu machen, können kleine Suppendosen verwendet werden; Dabei handelt es sich in der Regel um Rollranddosen.

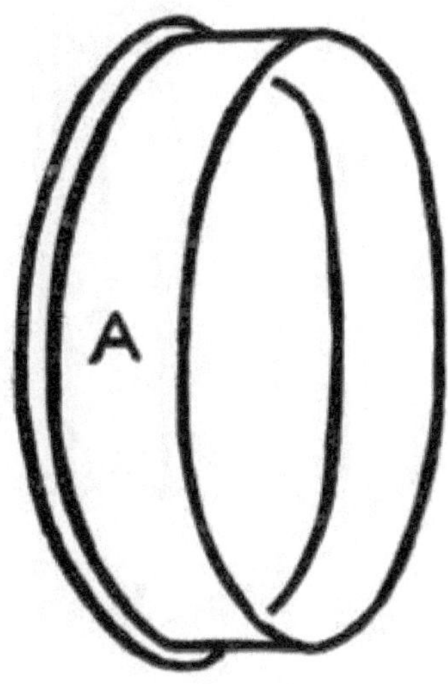


ABB. 48.

zu dieser Linie abgeschnitten werden, siehe Abb. 48 , *A*. Zeichnen Sie eine Linie ¼ Zoll vom Boden der zweiten Dose entfernt und schneiden Sie diese Dose bis zu dieser Linie ab. Machen Sie alle ¼ Zoll einen Schnitt um die

Dose an der Seite dieser zweiten Dose , wobei jeder Schnitt bis zum Boden oder Rand der Dose reicht, siehe Abb. 49 , B.

Setzen Sie diesen Teil des Rades auf den Holzblock und treiben Sie mit dem Niethammer ( C ) die Schnittseite der Dose nach innen, wie in Abb. 49 , B gezeigt .

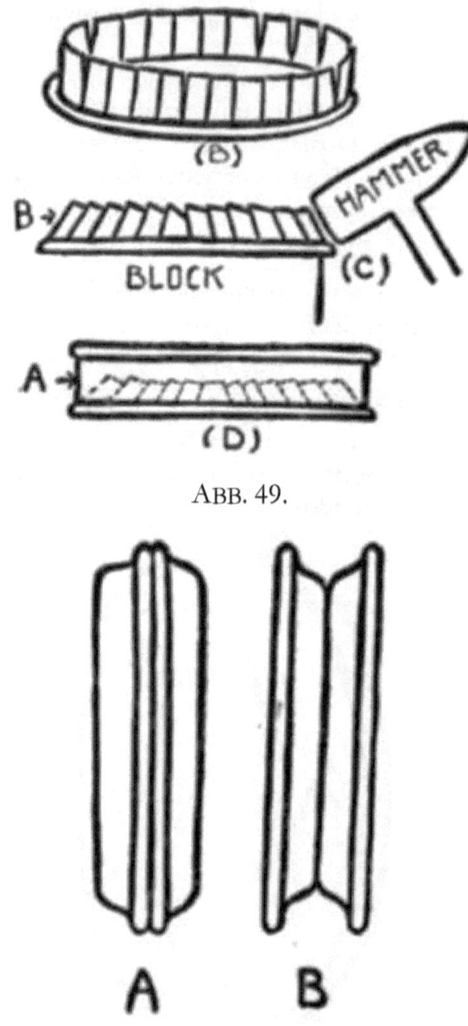


ABB. 49.

ABB. 50.

Nehmen Sie nun die auf ⅜ Zoll zugeschnittene Dose und platzieren Sie sie über einem Rohramboss, der im Schraubstock gehalten wird. Verwenden Sie einen Metallhammer und hämmern Sie zwei- oder dreimal um den Rand dieser Dose, um sie zu vergrößern. Drehen Sie die Dose beim Hämmern um den Amboss. Versuchen Sie dann, es über den zweiten oder gedrehten Teil der zweiten Dose nach unten zu drücken, wie in Abb. 49 , *D gezeigt* . Wenn es nicht passt, hämmern Sie weiter, bis die beiden Teile des Rads zusammenpassen, und löten Sie sie dann fest. Das Rad ist fertig, mit Ausnahme der Achslöcher, die auf die gleiche Weise wie beim Einsetzen angebracht werden können der erste Radtyp.

PLATTE IX

Dampfwalze vom Autor

Dampfwalze, hergestellt von einem zehnjährigen Jungen in einer Grundschule unter der Leitung von Herrn Arthur Campbell

Tafel IX gezeigten Spielzeug-Dampfwalze besteht aus Dosen mit gerolltem Rand, ebenso wie die großen Räder der auf Tafel XVIII gezeigten Spielzeug-Zugmaschine .

Probieren Sie unbedingt beide Methoden aus, bis Sie sie gründlich verstanden haben, denn von der Fähigkeit, gute Räder für ein Spielzeugmodell herzustellen, hängt viel ab.

*Zwei Arten von Rädern aus Dosendeckeln* . — Eine dritte Methode zur Herstellung von Rädern besteht darin, zwei zusammengelötete Dosendeckel zu verwenden. Da es jedoch eine ganze Weile dauert, acht Dosendeckel mit dem gleichen Durchmesser zusammenzufassen, ist es besser, diese Methode nur gelegentlich anzuwenden, z. B. bei der Herstellung von Autorädern mit Flansch auf einer Schiene laufen usw. Ein Blick auf Abb. 50 , *A* , sollte genügen, um zu erkennen, wie diese Räder aus zwei eingeschobenen Dosendeckeln bestehen, die an ihrem größten Durchmesser zusammengelötet sind.

Die ersten beiden beschriebenen Methoden führen zu Rädern, die wie die schweren Lkw-Räder aussehen, die bei echten Lkw zum Einsatz kommen.

Ein anderer Radtyp kann aus den mit Flanschen versehenen, eingeschobenen Deckeln hergestellt werden. Bei diesem Typ werden die Deckel genau umgekehrt wie bei der dritten Methode beschrieben zusammengelötet, sodass sich die Flansche an der Außenseite der Räder befinden. Diese Räder werden im Allgemeinen für Riemenräder bei mechanischen Modellen verwendet, Abb . 50 , *B.*

# KAPITEL XI

## EINEN SPIELZEUGAUTO-LKW BAUEN ( *Fortsetzung* )

## FORMEN DES FAHRGESTELLS – VERWENDEN DES HOLZDACHFALTERS – FALTEN – VERWENDEN DES SCHRAUBENSTOCKS ZUM KURZEN FALTEN – VERWENDEN DES BEILSTANGES ZUM FALTEN

**Das Chassis formen .** — Das Fahrgestell oder der Rahmen des Lastkraftwagens kann aus einem einzigen Stück Blech bestehen, das aus einer Gallonen-Obstdose geschnitten wurde. Alle vier Kanten werden nach unten gebogen, sodass ein flaches Tablett oder eine flache Schachtel entsteht.

Schneiden Sie ein 12¾ x 4¼ Zoll großes Stück Blech aus. Verwenden Sie die Trennblätter, um an allen vier Seiten eine Linie von ⅜ Zoll zu markieren. Stellen Sie jedoch sicher, dass die Dose perfekt rechtwinklig geschnitten ist, bevor Sie diese Innenmarkierung vornehmen. Schneiden Sie die Linien A A an allen vier abgedunkelten Linien ein, wie in Abb. 51 , *A gezeigt* .

Stellen Sie die Form auf einen scharfkantigen Block und klappen Sie zuerst die Längsseiten 1 und 2 nach unten. Denken Sie daran, nicht zu versuchen, diese langen Seiten bzw. Falten auf einmal nach unten zu klappen, sondern mit dem Hammer zwei- oder dreimal leicht darüber zu gehen, während sie im rechten Winkel nach unten gebogen werden. Achten Sie darauf, dass die Dose genau an der Linie umknickt.

Wenn die Seiten 1 und 2 im rechten Winkel nach unten geklappt sind, klappen Sie die Enden 3 und 4 nach unten. Dadurch bleiben vier kleine Enden der beiden langen Seiten über die Enden hinausragen, wie in Abb. 51 , B *gezeigt* . Falten Sie diese mit einem Hammer über die Enden des Chassis. Halten Sie sie mit einer Flachzange fest und löten Sie sie an den Enden an, an denen sie sich berühren, sodass das Chassis wie in Abb. 51 , *C dargestellt aussieht* .

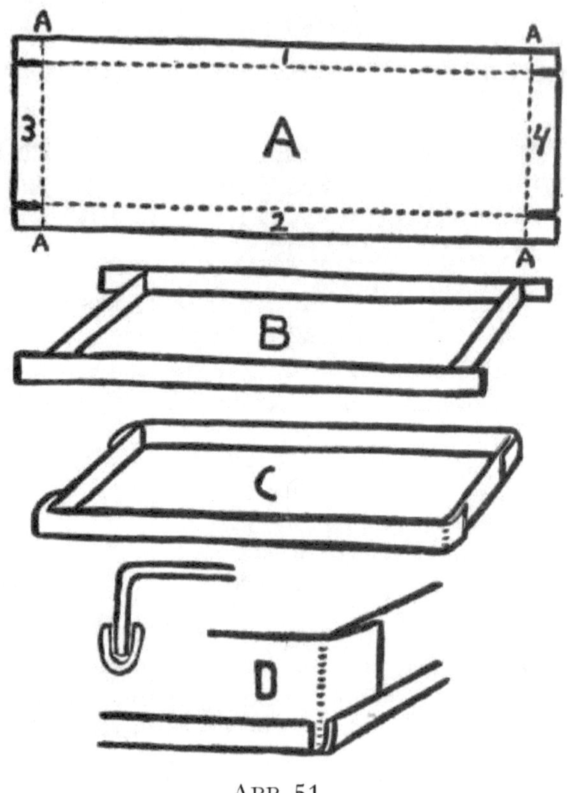

ABB. 51.

**Verwendung des Holzdachordners .** — Falten aller Art lassen sich sehr einfach und schnell mit der Holzdachfalte, Tafel XII, herstellen . Die von dieser einfachen Maschine erzeugten Arbeiten sind sehr gerade und genau, insbesondere lange Blechfalten oder -winkel. Die Stärke kann auf jede gewünschte Breite bis zu $^7/_{16}$ Zoll eingestellt werden und jede beliebige Anzahl von Falten in der gewünschten Breite kann schnell und genau hergestellt werden, indem die Dose zwischen die Haltestangen eingeführt und die Faltschachtel geschlossen wird.

Die Haltestangen sind bei *A A* in Abb. 52 dargestellt . Die einstellbare Spurweite bei *B* , *C und C* sind die gelenkig miteinander verbundenen Holzstützen. *D* ist der Eisengriff, *E* die Stellschraube, *F* ist das zu faltende Blechstück.

## PLATTE X

Dumping truck with body hoisted by winch under seat, made by Miss M. C. Newman

Unpainted chassis of toy auto truck made by author

Dumping truck made by Miss M. C. Newman

Muldenkipper mit Aufbau, der mit einer Winde unter dem Sitz angehoben wird, hergestellt von Miss MC Newman

Unbemaltes Fahrgestell eines vom Autor hergestellten Spielzeugautos

Muldenkipper von Miss MC Newman

Fahrgestell eines Spielzeugauto-LKWs mit Federn

Muldenkipper, hergestellt von einem Studenten des Teachers College

PLATTE XII

Dachdecker-Ordner aus Holz mit eingelegtem Stück Blech, fertig zum Falten

Der Ordner ist in Abb. 53 dargestellt . Beide Ansichten sind Schnittansichten, um die Funktionsweise des Ordners zu zeigen. Der tatsächliche Aufbau lässt sich anhand des tatsächlichen Ordners leicht nachvollziehen. Die Einstellung der Lehre $B$ , Abb. 52 , erfolgt durch Lösen der fünf Schrauben $E$ mit einem Schraubenzieher und anschließendes Hineinziehen bzw. Herausschieben der Lehre $B$ auf die gewünschte Breite der herzustellenden Falte. Anschließend werden die Schrauben $E$ mit dem Schraubenzieher festgezogen und die Dose *A A zwischen die Teile gesteckt* . Anschließend wird die Mappe geschlossen, indem man den Griff *D greift* und die beiden Seiten der Mappe zusammenschließt. Beim Öffnen der Mappe wird festgestellt, dass die Dose umgefaltet ist.

Die Faltung kann dann mit dem Hammer vervollständigt werden, wenn Sie sie gegen die Dose schließen möchten. Um einen rechten Winkel zu bilden, wird der Ordner nicht vollständig geschlossen. Ein wenig Experimentieren mit einem Stück Altblech zeigt, wie weit man den Ordner schließen muss, um einen bestimmten Winkel zu erhalten.

ABB. 53.

Es ist darauf zu achten, dass die Lehre *B* parallel zur Haltestange *A eingestellt wird* . Normalerweise ist der Falz auf ¼ Zoll eingestellt. Dies ist die Breite der meisten Falten in der Dose. Diese einfache Maschine spart viel Zeit bei der Blechbearbeitung und sollte nach Möglichkeit angeschafft werden. Dies ist praktisch die einzige Möglichkeit, eine lange Falte in einem schmalen Blechstreifen präzise herzustellen.

Der Falz kann zum Umklappen der beiden Längsseiten des Chassis verwendet werden. Die Enden können dann über die Kante eines Blocks nach unten geklappt werden, da die Enden der langen Falze das Platzieren der kurzen Falze im Falz verhindern. Schmale Blechstreifen können umgefaltet und mit dem Hammer zusammengehämmert werden. Diese Blechstreifen können über die scharfen Kanten an der Unterseite jeder Seite des Gehäuses geschoben werden, wodurch die Kanten sehr stabil werden und die Gefahr von Schnittwunden an den Fingern beseitigt wird. Abb. 51 , *D* , zeigt eine vergrößerte Ansicht einer Ecke des Chassis mit über die Unterkanten geschobenen gefalteten Blechstreifen .

Diese schmalen Faltstreifen lassen sich ganz einfach auf der Faltmaschine herstellen. Schneiden Sie zwei Blechstreifen von ½ x 12 Zoll ab und stellen Sie die Faltschachtel so ein, dass sie ¼ Zoll faltet. Legen Sie die Dose in die Faltschachtel und falten Sie sie um. Nehmen Sie es aus dem Ordner und hämmern Sie es mit dem Hammer fast zusammen. Legen Sie dann einen separaten Blechstreifen in den gefalteten Teil und hämmern Sie mit dem Hammer weiter, bis die gefaltete Dose innen geschlossen ist oder ein Blechstreifen eingelegt ist.

Der gefaltete Streifen kann dann über die Kante der Gehäuseseite geschoben und an mehreren Stellen festgelötet werden; Das heißt, der gefaltete Streifen muss nicht durchgehend mit dem Chassis verlötet werden, sondern kann durch Löten etwa alle 10 cm an Ort und Stelle gehalten werden.

Die beiden kurzen Blechstreifen von ½ x 4 Zoll sollten dann geschnitten, gefaltet und an den kurzen Enden des Chassis festgelötet werden. (An einem Blechdosenspielzeug sollten keine scharfen Kanten zurückbleiben, wenn dies durch Falten oder Abdecken vermieden werden kann.)

Ein langer, schmaler Blechstreifen ist ohne die Verwendung eines Falzgeräts ziemlich schwierig zu falten, aber mit dem Hammer und dem Block geht das wie folgt:

**Falten.** — Wenn ein Blechstreifen von ½ x 12 Zoll umgefaltet werden soll, ist es besser, einen Blechstreifen von 1¼ x 12 Zoll abzuschneiden. Markieren Sie entlang einer langen Kante ¼ Zoll und falten Sie sie über einen Block nach unten, wie bei der Herstellung des Griffs des Keksausstechers, damit Sie beim Falten mehr Metall haben, an dem Sie sich festhalten können. Wenn das Stück vollständig im rechten Winkel gefaltet ist, drehen Sie es auf dem Block um und verschließen Sie die Dose mit einem Hammer. Führen Sie dabei ein Stück Dose ein, bevor Sie die Dose zusammenschließen. Anschließend kann die überschüssige Dose abgeschnitten werden und man erhält einen schmalen gefalteten Streifen. Wie bei allen Faltungen von Hand mit dem Hammer und dem Block sollte die Dose nach und nach an ihren Platz gefaltet werden.

**Verwendung des Schraubstocks zum Kurzfalten .** — Mit dem Schraubstock können kurze Blechstücke sehr genau gefaltet werden. Die Faltlinie wird zunächst auf der Dose markiert; Anschließend wird die Dose so in die Schraubstockbacken eingelegt und gehalten, dass die Linie parallel und genau an der Oberseite der Backen verläuft. Anschließend wird die Dose mit dem Hammer in den gewünschten Winkel gehämmert, siehe Abb. 54 . Es sollte eine sehr scharfe, präzise Falte entstehen.

**Den Beilpfahl zum Falten verwenden.** — Für Faltblech wurde ein spezieller Pflock entwickelt. Dieser sogenannte Beilpfahl ist in der ergänzenden Werkzeugliste aufgeführt. Es hat die Form des Buchstabens T. Der horizontale Teil ist wie ein langes Beil mit schmaler Klinge gefertigt, und der daran befestigte vertikale Schaft kann im Schraubstock gehalten oder in ein Loch in der Bank gesteckt werden, siehe Abb. 55 .

Die Oberkante dieses Werkzeugs ist vollkommen gerade und ziemlich scharf. Eine Seite der Klinge verläuft von der Kante gerade nach unten und die andere Seite fällt in einem Winkel ab, der deutlich kleiner als ein rechter Winkel ist. Die Oberkante des Beilpfahls wird zum Umfalten der Dose verwendet und ist speziell geformt, um das Falten um mehr als einen rechten Winkel zu ermöglichen.

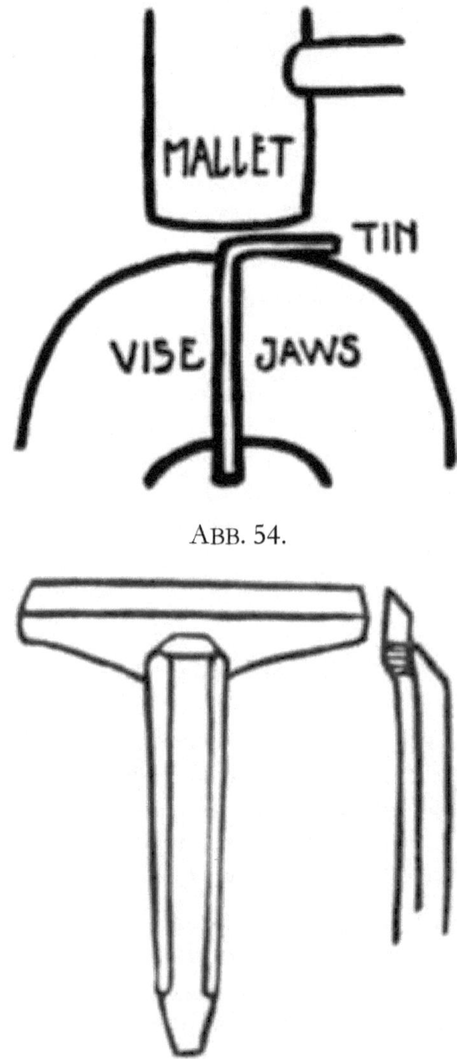


ABB. 54.

ABB. 55.

Um den Beilstab zu verwenden, wird zunächst eine Faltlinie auf der Dose markiert. Diese Linie wird direkt über und parallel zur Oberseite oder Kante des Pfahls gehalten und der Hammer wird zum Falten der Dose verwendet, wobei die Schläge des Hammers auf die Oberseite des Pfahls gerichtet sind, wie in Abb. 56 gezeigt .

Der Beilpfahl ist ein sehr praktisches Werkzeug in der Werkstatt, auch wenn ein Ordner zur Ausrüstung gehört, da es einige Arbeiten gibt, bei denen der Einsatz des Ordners nicht zur Erledigung dieser Arbeiten zulässig ist.

Blechstreifen in der Länge der Beilklinge können wie folgt genau umgefaltet werden:

Ein Ahornstreifen mit einer Dicke von 1 Zoll und einer Breite von 2 Zoll und so lang wie die Klinge des Pflocks kann gegen die flache Seite der Klinge des Beilpfahls geklemmt werden, wobei die zu faltende Dose fest zwischen dem Ahornstreifen und der Klinge gehalten wird. Anschließend wird die Dose mit dem Hammer zur schrägen Seite der Klinge hin umgefaltet, Abb. 57 . Manchmal werden zwei Ahornstreifen an ein Stück Blech geklemmt, um es beim Falten genau zu halten, aber diese Methode ist ziemlich umständlich.

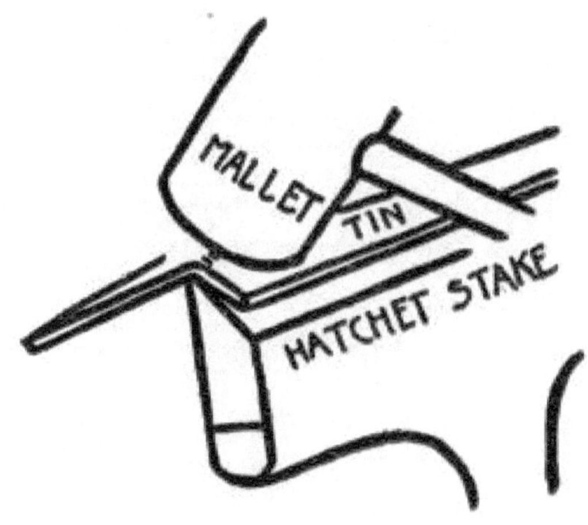


ABB. 56.

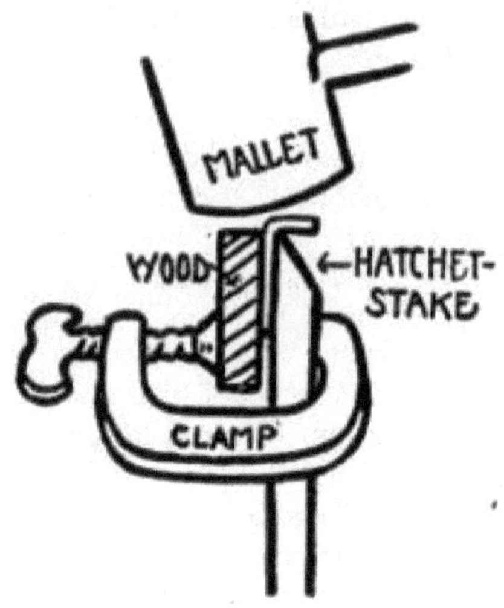



ABB. 57.

Die verschiedenen Faltmethoden wurden ausführlich beschrieben, damit der Leser sich mit ihnen allen vertraut machen kann, aber ein großer Teil der Faltung kann über einen scharfkantigen Ahornblock erfolgen, wenn man nichts anderes hat, womit man arbeiten kann.

Professionelle Konservenverarbeiter verwenden eine sehr praktische Faltmaschine aus Metall, diese ist jedoch sehr kostspielig und muss hier nicht beschrieben werden.

# KAPITEL XII
## EINEN SPIELZEUGAUTO-LKW BAUEN ( *Fortsetzung* )

## HERSTELLUNG DER HAUBE UND DES KÜHLERS – SCHNEIDEN DER LÜFTUNGSLÜFTE – LÖTEN DES EINFÜLLVERSCHLUSSES

Die Haube und der Kühler können aus einer Kakaodose, einer kleinen Olivenöl- oder Speiseöldose hergestellt werden, vorausgesetzt, die Dose hat die Form wie in Abb. 58 gezeigt , die den Boden und die Seiten einer Kakaodose zeigt.

*A* abgeschnitten . Dann wird die Dose an der gestrichelten Linie *B geschnitten* . Dann werden in regelmäßigen Reihen einige Löcher in den Boden der Dose gestanzt, um den Kühler herzustellen. In die Seite der Dose werden Schlitze geschnitten, um Lüftungsöffnungen zu bilden, und in der Nähe des gerollten Randes wird ein Deckel einer Zahnpasta- oder Farbtube als Einfülldeckel angelötet. Die Haube ist fertig, wie in Abb. 59 gezeigt .

Die für die Haube ausgewählte rechteckige Dose wird markiert und wie folgt zugeschnitten: Öffnen Sie die Trennwände auf 2⅝ Zoll und markieren Sie die Linie *A* um die Dose, Abb. 58 . Bevor Sie die Dose bis zu dieser Linie abschneiden, stellen Sie die Trennwände auf 2¼ Zoll ein und markieren Sie die Linie *B* horizontal um die Dose. Stellen Sie dazu die Dose flach auf die Bank und auf die Seite, die die Oberseite der Haube bilden soll. Legen Sie einen Punkt der Trennwände auf die Bank und lassen Sie den anderen Punkt an der Seite der Dose anliegen, wo die gestrichelte Linie *B* angezeigt wird. Halten Sie die Dose weiterhin flach auf der Bank und bewegen Sie sie so gegen den Trennpunkt, dass die Linie *B* horizontal um die Seiten und den Boden der Dose gezeichnet wird.

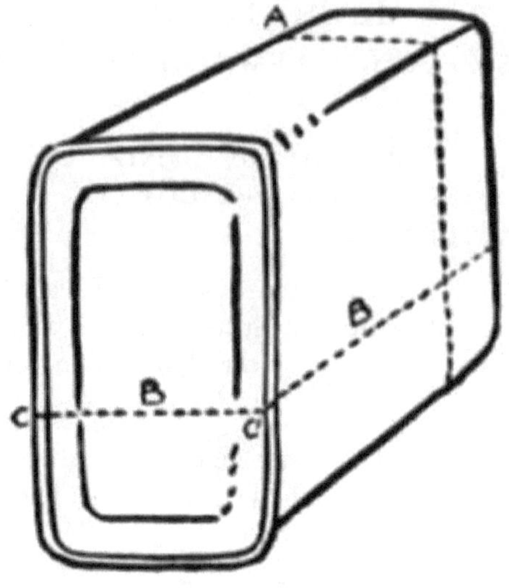

ABB. 58.

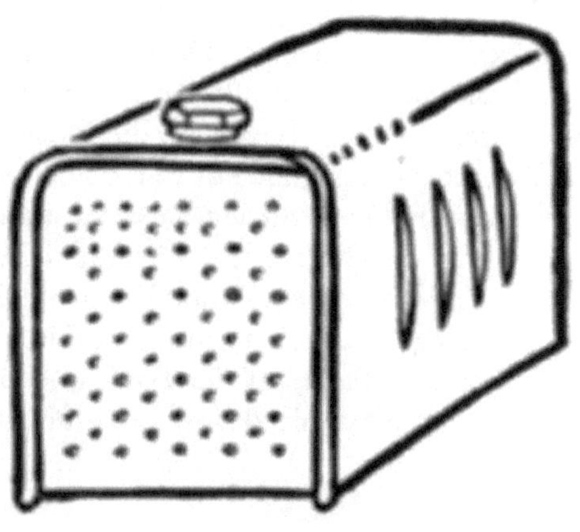

ABB. 59.

Schneiden Sie die Dose bis zur Linie *A ab* , nehmen Sie dann eine kleine Feile mit scharfen Ecken und feilen Sie an den mit *C* und *C* auf der Linie *B* *markierten Ecken vollständig durch den gerollten Rand* . Benutzen Sie die Kante der Feile und machen Sie einen dreieckigen Schnitt. Dieses Feilen erleichtert das Schneiden des Rollrandes, der mit der Schere nur schwer zu durchtrennen ist, erheblich.

Schneiden Sie dann entlang der Linie *B in den Rand ein* und schneiden Sie dabei von der Linie *A aus* . Biegen Sie die beiden Hälften der Dose weit genug auf, um die Schere durchzulassen, und schneiden Sie entlang der gestrichelten Linie *B über den Boden der Dose* . Schneiden Sie die Dose sehr sorgfältig ab, sodass der Teil der Dose an der Linie $B$ , der den Boden der Haube bildet, rundherum flach auf der Bank aufliegt. Wenn es flach auf der Werkbank liegt, liegt es flach auf dem Blechrahmen des Lastkraftwagens auf, wo es festgelötet werden soll.

Als nächstes müssen die Löcher gestanzt werden, um den Kühler zu formen. Die Vorderseite der Haube wird auf einen Holzblock gelegt und zum Stanzen der Löcher sollte ein sehr scharfer Schlag verwendet werden, beispielsweise ein Eispickel oder ein sehr spitzer Nagel.

Markieren Sie zunächst den Heizkörper in regelmäßigen Quadraten, wobei Sie die vertiefte Linie, die sich normalerweise am Boden dieser Art von Dosen befindet, als Begrenzungslinie für die Quadrate verwenden. Teilen Sie den Raum in Quadrate auf, wie in Abb. 60, *A gezeigt* , und lassen Sie rund um den zu stanzenden Raum einen klaren Rand aus Blech frei.

Suchen Sie einen Holzblock, der in die Haube passt, wie in Abb. 60 , *C gezeigt* , und spannen Sie ein Ende davon in den Schraubstock. Achten Sie darauf, dass das Ende rechtwinklig abgesägt ist, bevor Sie die Haube in der gezeigten Position darüber platzieren.

Nehmen Sie den Locher und stanzen Sie vorsichtig die Löcher, wie sie durch die Punkte in Abb. 60 , *A* , an jedem Linienschnittpunkt markiert sind. Dann stanzen Sie ein Loch in die Mitte jedes Quadrats und dann sollte zwischen jedem zweiten Loch auf allen Linien, die die Quadrate bilden, ein Loch gestanzt werden, siehe Abb . 60 , *B.*

Dabei ist darauf zu achten, dass alle Löcher gleich groß sind und in regelmäßigen Reihen angeordnet sind. Das sorgt für eine saubere und handwerkliche Arbeit.


**Schneiden Sie die Lüftungsschlitze ab.** — Lüftungsschlitze können mit einem scharfen Meißel in jede Seite der Haube geschnitten werden. Ein alter Holz- oder Zimmermannsmeißel mit einer Breite von etwa 2,5 cm eignet sich sehr gut, alternativ kann auch ein scharfer Kaltmeißel verwendet werden.

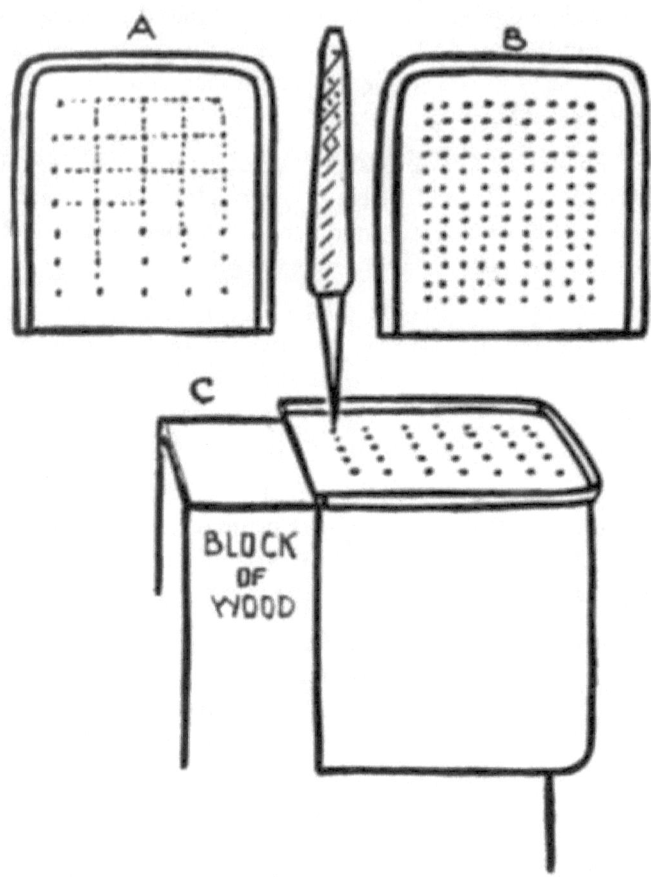


ABB. 60.

Benutzen Sie denselben Holzklotz, aus dem Sie den Kühler ausgestanzt haben, und legen Sie ihn horizontal in die Schraubstockbacken ein, so dass er so weit darüber hinausragt, dass er die Haube stützt, wie in Abb. 61 gezeigt.

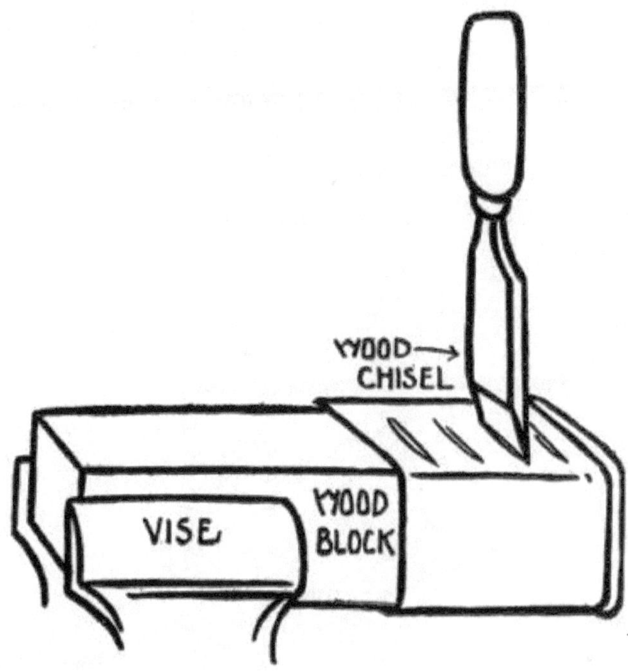


ABB. 61.

Markieren Sie mit den Trennstegen vier oder fünf Lüftungsschlitze und achten Sie darauf, dass diese im rechten Winkel zur Haube ausgerichtet sind. Versuchen Sie, einen Meißel zu finden, der so breit ist wie die Entlüftungsöffnung. Eine 1-Zoll-Schneidkante reicht in etwa aus. Setzen Sie die Meißelkante genau auf die Markierung und hämmern Sie sie mit mehreren Schlägen mit dem Hammer durch die Dose. Machen Sie diese Schnitte sehr gerade und parallel zueinander. Schneiden Sie die Lüftungsschlitze in beide Seiten der Haube ein und die Haube ist dann bereit zum Anlöten des Einfülldeckels.

**Löten am Einfülldeckel.** —Verwenden Sie als Einfülldeckel einen großen Schraubdeckel einer Zahnpastatube oder den Deckel einer Pasten- oder Farbtube. Einige dieser Deckel haben eine achteckige Form und auf der Oberseite sind verschiedene Initialen eingeprägt. Sie sehen den Einfülldeckeln, die auf den Kühlern echter Autos verwendet werden, sehr ähnlich.

Entfernen Sie jegliche Paste oder Farbe von der Innenseite der Kappe und kratzen Sie dann die Unterkante glatt und sauber ab. Diese Kappen bestehen normalerweise aus einer Kombination von Metallen, die dem zum Löten von Zinn verwendeten Lot sehr ähnlich ist, und schmelzen sehr leicht, wenn sie mit Lötkupfer in Kontakt kommen, sodass die Kappe durch indirekte Erwärmung an die Haube gelötet werden muss Methode.

mit einem heißen Lötzinn eine kleine Lötpfütze auf das Zinn aufgetragen. Das Lot lässt man abkühlen und dann wird die Kappe auf das Lot aufgesetzt, nachdem man auf den unteren Rand etwas Lötpaste aufgetragen hat.

Erhitzen Sie das Lötkupfer sehr heiß und bringen Sie es so *in* der Haube an, dass möglichst viel von der Spitze *direkt unter der Lötpfütze liegt, auf der die Kappe aufliegt*, Abb. 62.

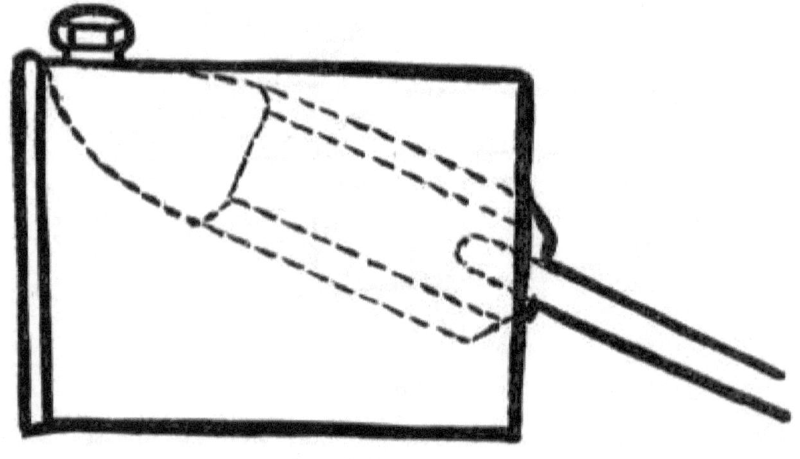

ABB. 62.

Halten Sie es in dieser Position, bis die Lötpfütze schmilzt und eine helle Lötlinie um die Basis der Kappe herum zu sehen ist, wo sie auf der Haube aufliegt. Entfernen Sie das Kupfer, sobald das Lot schmilzt und um die Kappe läuft, und lassen Sie das Lot aushärten, bevor Sie die Haube bewegen. Wenn sich die Kappe während des Schmelzens des Lots aufgrund der Blasenbildung der Lotpaste verrutscht, kann sie sofort mit einem Streichholz wieder an ihren Platz gedrückt werden, bevor das Lot aushärtet.

Die Haube wird sehr heiß, bevor das Lot unter der Kappe schmilzt. Sie lässt sich jedoch leicht an der Werkbank festhalten, indem Sie einen Lappen darum wickeln, um die Hand zu schützen.


Ein dicker, quadratischer Eisenstab kann am Ende mattrot erhitzt und anstelle des Lötkupfers zum Anlöten der Kappe verwendet werden. Entweder das Kupfer oder der Eisenstab müssen sehr heiß sein. Sie müssen auf eine viel höhere Temperatur erhitzt werden, als normalerweise zum Löten verwendet wird.

Wenn der Einfülldeckel festgelötet ist, kann die Motorhaube an den Rahmen gelötet werden. Das Armaturenbrett und der Sitz sollten jedoch zuvor angefertigt werden.

---

## DAS ARMATURENBRETT – DER SITZ – MONTAGE DES LKW – FEDERN – LÖTEN DER RÄDER AUF DEN ACHSEN – UNTERLEGSCHEIBEN

**Das Dashboard .** — Als nächstes wird das Armaturenbrett gefertigt, dann der Sitz. Anschließend werden Motorhaube, Armaturenbrett und Sitz mit dem Rahmen verlötet. Anschließend werden vier Federimitationen angefertigt und an der Unterseite des Rahmens angelötet. In diese sind Löcher für Achsen gestanzt; Die Räder und Achsen werden montiert und das Fahrgestell des LKWs ist fertig.

Das Armaturenbrett kann auf zwei Arten gestaltet werden; Eine Möglichkeit besteht darin, einen Teil einer Dose mit gerolltem Rand zu verwenden, wobei der gerollte Rand den Deckel bildet, und die andere Möglichkeit besteht darin, drei Kanten einer Dose umzufalten und daraus ein Armaturenbrett zu formen. Die erste Methode sieht besser aus, aber die letzte Methode ist einfacher.

Wählen Sie eine große Dose mit gerolltem Rand, messen Sie 5¼ Zoll entlang des gerollten Randes ab und ziehen Sie von jedem Ende dieser Messung aus eine Linie 2¼ Zoll entlang der Seite der Dose. Markieren Sie dann eine Linie rund um die Dose, 2½ Zoll vom gerollten Rand entfernt, und schneiden Sie die Dose bis zu dieser Linie genau so ab, wie Sie eine Dose bis zu einer beliebigen Linie abschneiden würden, siehe Abb. 63 .

Schneiden Sie dann das 2½ x 5¼ Zoll große Stück einschließlich des Randes aus. Verwenden Sie die Flachzange und brechen Sie die Dose neben dem Rand ab, an dem die Dose zum ersten Mal mit dem Dosenöffner geöffnet wurde, so wie Sie es bei der Herstellung eines Eimers getan haben. Schlagen Sie die neben dem Rand verbliebene Dose nieder, legen Sie das Stück Dose dann auf die Bank oder den flachen Amboss und drücken Sie es flach, mit gerolltem Rand und allem.

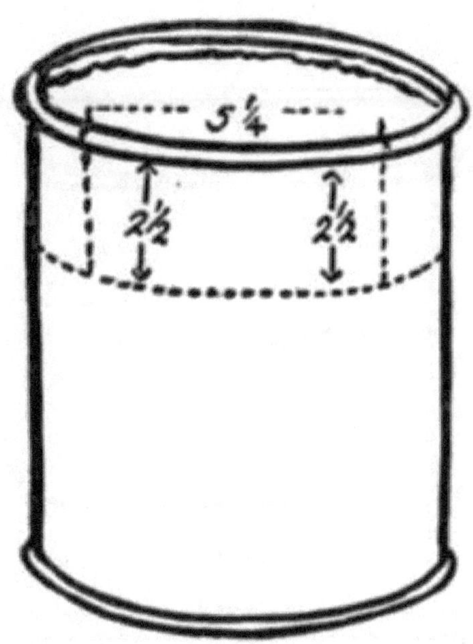

ABB. 63.

Markieren Sie mit den Teilern ¼ Zoll entlang der beiden kurzen Enden des Stücks im rechten Winkel zum Rand und schneiden Sie dann mit einer Feile ¼ Zoll an jedem Ende des gerollten Randes ab. Schneiden Sie jede der abgedunkelten Linien *A A* bis zu den Linien *B* direkt unter dem Rollrand ein, Abb. 64 . Falten Sie dann das Metall zwischen den Linien *B* und *C* , um eine abgerundete Kante an den Seiten des Armaturenbretts zu erhalten, wie in Abb. 65 gezeigt .

Legen Sie ein Stück Rundeisen oder ein Rohr mit einem Durchmesser von etwa 1 Zoll in den Schraubstock und runden Sie jedes Ende des Armaturenbretts so ab, dass die gefalteten Kanten innen liegen, wie in Abb. 65 gezeigt, und runden Sie dann die Enden des Armaturenbretts ab Den Rand mit einer Flachfeile glatt rollen und fertig ist das Armaturenbrett.

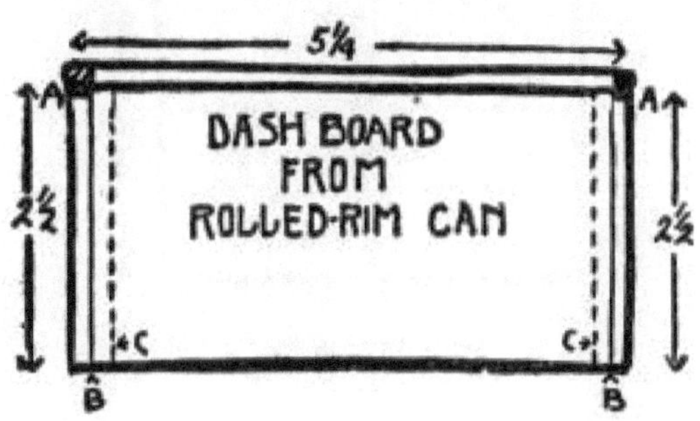

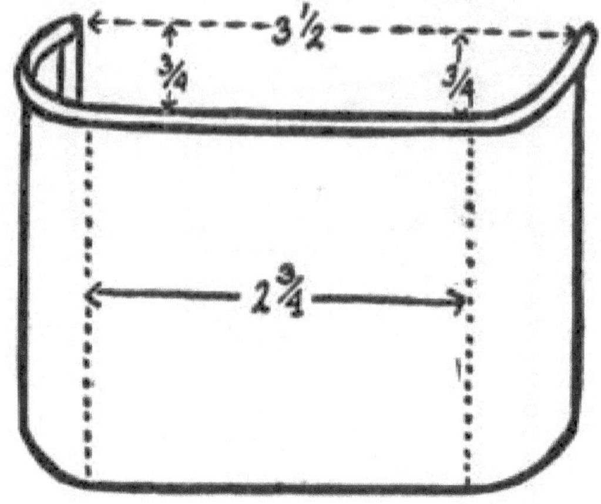

ABB. 64.

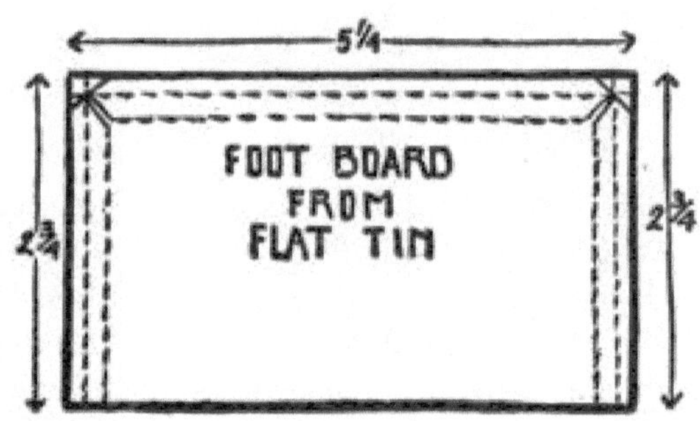


ABB. 65.

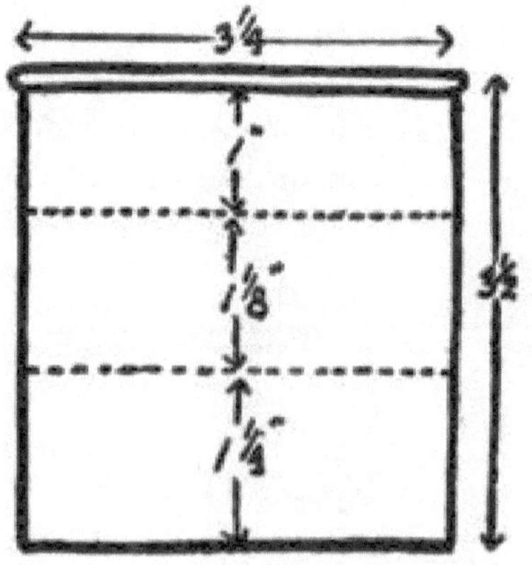

ABB. 66.

ABB. 67.

Um aus einem flachen Stück Blech ein Armaturenbrett zu machen, schneiden Sie ein 2¾ x 5¼ Zoll großes Stück aus. Stellen Sie die Trennwände auf ¼ Zoll ein und zeichnen Sie eine Linie von ¼ Zoll innerhalb der drei Kanten des Stücks. Schneiden Sie oben zwei Ecken ab und falten Sie die Laschen bis zur gestrichelten Linie ein, wie in Abb. 66 gezeigt . Runden Sie die Enden des Armaturenbretts wie oben beschrieben auf das gleiche Maß ab.

**Der Sitz.** — Aus drei Blechstücken kann ein sehr einfacher Sitz für den Lastwagen hergestellt werden. Verwenden Sie wie bei der Herstellung des Armaturenbretts ein Stück Blech mit dem gerollten Rand nach oben. Schneiden Sie ein 3¼ x 3½ Zoll großes Stück Blech ab, falten Sie zwei der Seiten genau so ein, wie Sie es für das Armaturenbrett getan haben, und schneiden Sie den gerollten Rand ab, bis er nach dem Wenden mit den Seiten bündig ist, und runden Sie die Enden des gerollten Randes mit ab eine Datei.

Markieren Sie mit den Teilern zwei Linien parallel zum gerollten Rand, eine Linie 1 Zoll und die andere 2⅛ Zoll, wie in Abb. 67 durch die gestrichelten Linien dargestellt. Biegen Sie das Teil wie gezeigt über einen Block, bis es die Form des in Abb. 68 gezeigten Sitzes hat .

Schneiden Sie zwei 1⅜ x 1¼ Zoll große Stücke aus der Dose. Markieren Sie eine Linie ¼ Zoll von den Enden einer der kurzen Seiten jedes Stücks entfernt und biegen Sie diesen Teil im rechten Winkel, Abb . 68 , *A*. Diese beiden Teile werden unter jedes Ende des Sitzes geschoben und daran angelötet und dann mit der Schere abgeschnitten, bis die gesamte Unterkante des Sitzes flach auf dem Rahmen aufliegt, wo sie verlötet werden soll.

Die beiden Seitenteile oder Stützen sind absichtlich zu lang gemacht, sodass sie nach dem Anlöten an den Sitz möglicherweise abgeschnitten werden. Motorhaube, Armaturenbrett und Sitz sollten festgelötet werden.


**Zusammenbau des Trucks.** — Stellen Sie die Trennwände auf ¼ Zoll ein und zeichnen Sie eine Linie ¼ Zoll vom vorderen Ende des Rahmens entfernt. Platzieren Sie die Vorderseite der Haube parallel zu dieser Linie und achten Sie darauf, dass die Haube genau in der Mitte des Rahmens sitzt; dass er auf jeder Seite den gleichen Abstand von der Seite der Haube zur Seite des Rahmens hat. Löten Sie die Haube fest.

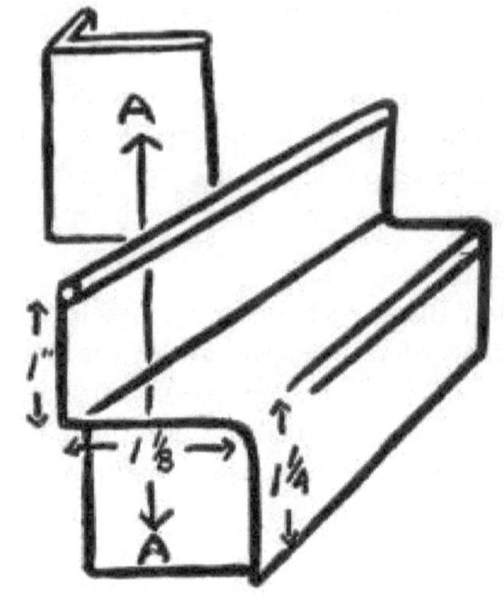



ABB. 68.

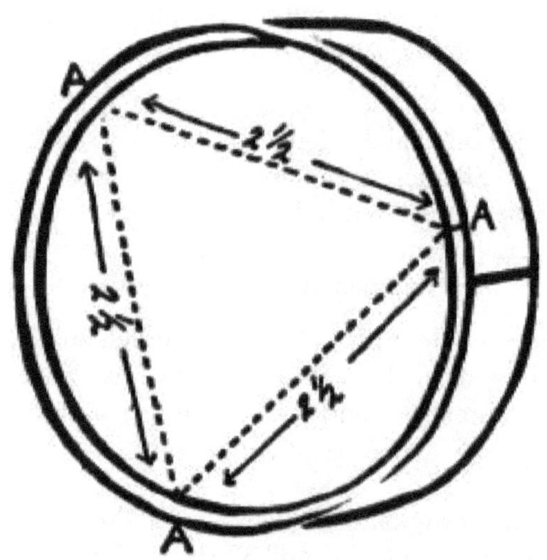



ABB. 69.

Beim Anlöten der Haube an den Rahmen ist es besser, den Rahmen auf einen Holzblock zu legen, damit der Block den Rahmen stützt, der sich beim Anlöten der Haube an den Rahmen direkt unter der Haube befindet.

Der Block verhindert, dass sich das Zinn durch die Hitze des Kupfers und durch den Druck der Hand beim Festhalten der Haube zum Löten nach unten wölbt.

Setzen Sie das Armaturenbrett hinter der Motorhaube ein und achten Sie darauf, dass es genau an der Motorhaube und am Rahmen anliegt, und löten Sie es dann fest. Wenn jede Verbindung vor dem Lötversuch genau zusammenpasst, sollte es keine Probleme geben, aber manchmal entsteht ein Riss aufgrund der Ausdehnung des Zinns unter der Hitze des Lötkupfers. Diese Risse können mit Lot gefüllt werden, indem beim Löten ein Lotstreifen gegen die Spitze des heißen Kupfers geführt wird. Dadurch läuft viel Lot in den Riss und füllt ihn auf.

Löten Sie den Sitz so an, dass die Vorderseite des Sitzes etwa 2,5 cm von den Enden des Armaturenbretts entfernt ist.

**Federn.** — Löcher können durch die Seiten des Rahmens gestanzt werden und die Achsen verlaufen durch diese, wenn ein sehr einfacher Lastkraftwagen hergestellt werden soll, aber Imitationsfedern können leicht aus Teilen der Seiten und dem Boden einer Dose hergestellt werden. Diese Federn heben den Rahmen des LKW über die Achsen und verleihen ihm ein realistischeres Aussehen.

Schneiden Sie zwei 3-Zoll-Dosen auf eine Höhe von ⅜ Zoll zu. Drehen Sie diese Dosen um und legen Sie das Lineal der Reihe nach über den Rand jedes Dosenbodens, sodass von Rand zu Rand 2½ Zoll gemessen werden. Messen Sie dann an jeder Felge weitere 2½ Zoll ab, wie in Abb. 69 gezeigt . Feilen Sie bei *A A* durch die Ränder und schneiden Sie dann bei *A A* die Seiten der Dose gerade ab *A* , wodurch Sie aus jeder Dose drei Federn erhalten sollten.


Löten Sie zwei Federn ½ Zoll vom vorderen Ende entfernt an der Unterseite und an der Seite des Rahmens an, und die beiden hinteren Federn sollten 1 Zoll vom hinteren Ende entfernt angelötet werden.

Stechen Sie mit einem Eispickel ein Loch in jede Feder, um die Achse aufzunehmen, und stellen Sie sicher, dass diese Löcher alle den gleichen Abstand von der Oberkante des Rahmens haben (verwenden Sie die Trennwände, um dies festzustellen) und dass jedes Loch gegenüber quadratisch ist das gegenüberliegende Achsloch (benutzen Sie den Versuchswinkel, um dies zu bestimmen).

Die Achslöcher sollten mit einem Eispickel durchstochen und etwas größer als der Achsdraht gemacht werden, damit der Achsdraht sehr locker in das Loch passt, aber achten Sie darauf, dass alle Löcher gleich groß sind.

**Löten der Räder auf die Achsen.** — Die Drahtachsen sollten so lang geschnitten sein, dass sie vollständig durch jedes Rad und über den Rahmen verlaufen und einen Abstand von ¼ Zoll zwischen dem Rahmen des Lastkraftwagens und jedem Rad ermöglichen. Die Länge der Achsen lässt sich leicht bestimmen, indem man den Rahmen des Lastkraftwagens flach auf die Werkbank legt und die beiden Räder so positioniert, dass jedes Rad ¼ Zoll von der Seite des Lastkraftwagens absteht. Messen Sie mit einem Lineal den Abstand von der Außenkante eines Rades zur Außenkante des anderen und addieren Sie ⅛ Zoll zu diesem Abstand, siehe Abb. 70 . Schneiden Sie die beiden Drahtachsen auf dieses Maß ab und achten Sie darauf, dass sie nach dem Schneiden vollkommen gerade sind.

Stecken Sie ein Ende einer Achse durch ein Rad, bis das Ende etwa ¹⁄₁₆ Zoll über die Außenseite des Rads hinausragt. Geben Sie etwas Lötpaste auf das Ende der Achse und auf das Rad neben der Achse und löten Sie das Rad mit einem gut erhitzten Lötzinn an die Achse.

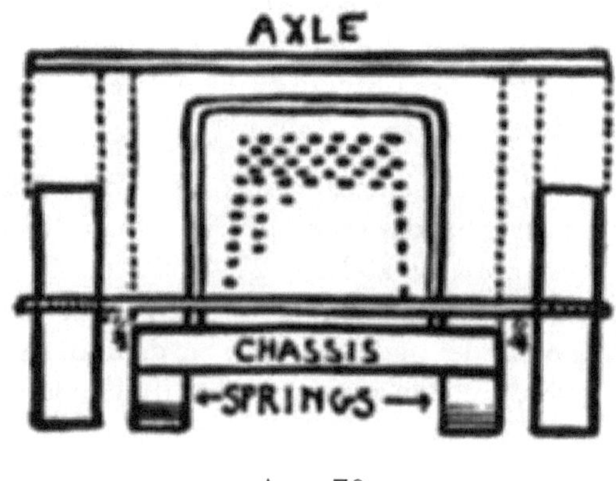


ABB. 70.

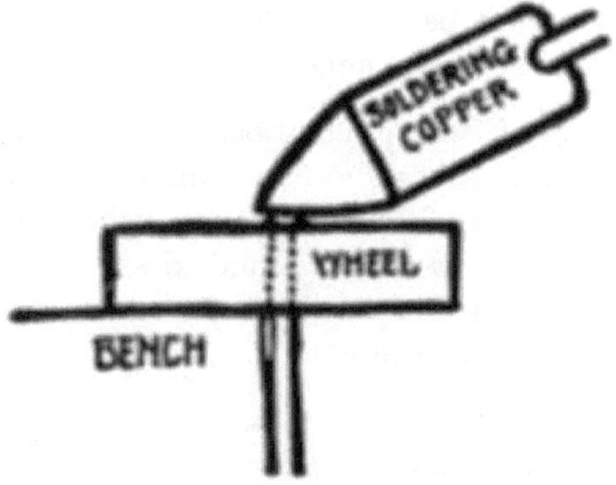


ABB. 71.

Legen Sie dazu das Rad flach auf die Kante der Bank, sodass sich das Achsloch knapp über der Kante befindet und die Achse an der Seite der Bank gehalten werden kann. Halten Sie Rad und Achse in dieser Position fest und legen Sie das heiße, gut mit Lot gefüllte Lötzinn auf das Ende des Achsdrahtes direkt über dem Rad.

Das Ende der Achse erwärmt sich sehr schnell und das Lot sollte herunterlaufen und eine Pfütze um die Achse bilden, wenn der Teil des Rades neben der Achse so weit erhitzt wird, dass das Lot fließt. Das Ende der Achse sollte nicht mehr als 1/16 Zoll über das Rad hinausragen und das Lötkupfer sollte gründlich erhitzt und gut mit Lot gefüllt sein, siehe Abb. 71 .

Die Räder müssen nur dann auf einer Seite jedes Rads mit der Achse verlötet werden, wenn die Löcher für die Achse sehr gut darauf passen.

Eine andere Methode, das Rad während des Lötens auf der Achse zu halten, besteht darin, ein Loch in genau der gleichen Größe wie die Achse durch einen ziemlich dicken Holzblock zu bohren und die Achse durch dieses Loch zu schieben, bis sie gerade so weit herausragt, dass die Achse nicht mehr herausragt Wenn das Rad darüber geschoben wird, ragen 1/16 Zoll der Achse über das Rad hinaus. Anschließend kann der Holzblock in den Schraubstock gesteckt und das Rad über die Achse geschoben und daran festgelötet werden. Das durch den Block gebohrte Loch muss im rechten Winkel zur Blockfläche gebohrt werden, wo das Rad aufliegen soll. Ein Loch kann im rechten Winkel zu einer Holz- oder Metalloberfläche gebohrt werden, indem Sie eine Tisch- oder Pfostenbohrmaschine verwenden, falls Sie eine haben. Mit dieser letzten Methode können Räder sehr genau auf die Achse gesetzt werden.

Wenn ein Rad an jede Achse gelötet ist, legen Sie diese beiseite und fertigen Sie einige Unterlegscheiben für die Achsen an, bevor Sie die beiden verbleibenden Räder anlöten. Diese Unterlegscheiben werden auf den Achsen zwischen dem Rahmen und jedem Rad angebracht, um zu verhindern, dass die Räder gegen den LKW laufen.

**Streifenwaschmaschinen .** — Diese Unterlegscheiben können aus schmalen Blechstreifen bestehen, die wie eine eng gewickelte Uhrfeder um die Achsen gewickelt sind.


16 Zoll breiten und 8 Zoll langen Streifen aus der Dose ab . Nehmen Sie eine Rundzange und biegen Sie ein Ende in einer scharfen Kurve um, die um den Achsdraht passt. Halten Sie den gebogenen Teil der Dose mit der Flachzange an der Achse und wickeln Sie die Dose rechts herum um den Draht, wobei Sie den Zinnstreifen jedes Mal, wenn die Dose umwickelt wird, mit der Zange neu festhalten. Wickeln Sie die Dose viermal um die Achse, schneiden Sie dann die verbleibende Dose ab und fertigen Sie daraus die anderen drei Unterlegscheiben, siehe Abb. 72 .

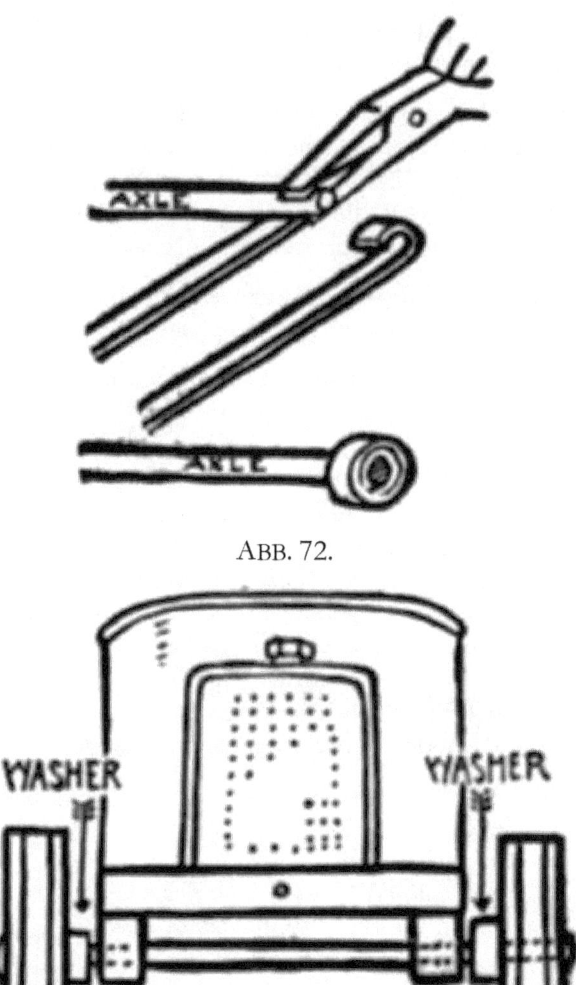


ABB. 72.



ABB. 73.

Schieben Sie eine Unterlegscheibe auf eine der Achsen neben einem der daran angelöteten Räder. Schieben Sie dann die Achse durch die Achslöcher in den Federn und legen Sie dann eine weitere Unterlegscheibe darauf, bevor Sie ein weiteres oder zweites Rad auf die Achse setzen.

Die Unterlegscheiben werden nicht festgelötet, sondern einfach lose auf der Achse gelassen .

Das zweite Rad wird wie das erste Rad auf die Achse gesteckt und mit dieser verlötet. Der LKW kann auf die Seite gestellt werden, um das zweite Rad in eine zum Löten geeignete Position zu bringen. Stellen Sie sicher, dass sich die Achse leicht in den Achslöchern drehen lässt und dass zwischen den Seiten des Rahmens und dem Rad ausreichend Platz für die Unterlegscheiben ist, bevor Sie das zweite Rad anlöten. Das zweite Rad kann auf die gleiche Weise auf die zweite Achse gelötet werden und schon ist das Fahrgestell fertig und fahrbereit, siehe Abb. 73 .

Auf der Rückseite des Fahrgestells können verschiedene Karosserien angebracht werden und nach erfolgreicher Fertigstellung können ein Lenkrad, eine Kurbel und Lichter hinzugefügt werden. Diese werden im nächsten Kapitel beschrieben.

Kapitel XXI, Seite 200 beschrieben, abgekratzt werden kann .

---

# KAPITEL XIV

## EINEN SPIELZEUGAUTO-LKW BAUEN ( *Fortsetzung* )

**LKW-AUFBAUTEN – VERSCHIEDENE AUFBAUARTEN, DIE AUF DAS GLEICHE FAHRGESTELL MONTIERT WERDEN – DER TANK-LKW – DER STRASSENSPRINKLER – DER KOHLE-ODER SAND-LKW – DER ARMEE-LKW – DER KRANKENWAGEN – DAS FEUERWEHRWAGEN**

Eine feste Karosserie eines bestimmten Typs kann direkt an den hinteren Teil des Fahrgestells gelötet werden, oder es können Gleitschienen an den hinteren Teil des Fahrgestells gelötet werden und verschiedene Arten von LKW-Aufbauten so angeordnet werden, dass sie in diese Gleitschienen passen, so dass ein Fahrgestell darauf angeordnet werden kann halten eine Reihe verschiedener Körper. Ein Kohlelastwagen kann in einen Tankwagen und von einem Tankwagen in einen Armeelastwagen oder einen Krankenwagen usw. umgewandelt werden.

Über dem Sitz kann eine Fahrerkabine angebracht und dem Lkw beliebig viele realistische Details hinzugefügt werden, die nur durch die Fähigkeiten des Herstellers begrenzt sind.

Der Wagenkasten ist am einfachsten herzustellen, da er aus einer quadratischen Dose mit abgerundeten Ecken bestehen kann. Die Zwei-Liter- oder Gallonendosen, die Oliven- oder Speiseöle enthielten, werden zu sehr realistischen LKW-Karosserien zusammengesetzt. Die Karosserie des im Titelbild gezeigten Armeelastwagens wurde aus einer Zwei-Liter-Dose hergestellt, die Speiseöl einer sehr bekannten Marke enthielt.

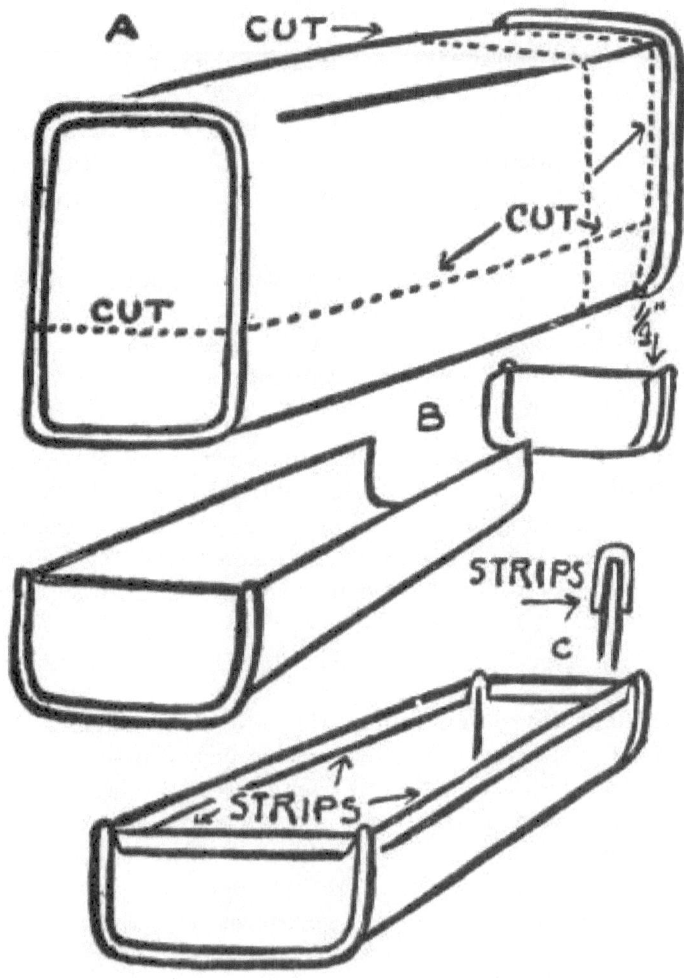


ABB. 74.

Das Ziel besteht darin, eine rechteckige Dose zu finden, die ungefähr so breit ist wie das Chassis, so dass die Oberseiten der Räder gut darüber hinwegpassen. Schneiden Sie die Dose der Länge nach in zwei Teile und schneiden Sie dabei mit der Feile die abgerundeten oder gerollten Ränder durch, siehe Abb. 74 , *A*.

Die Dose wird wahrscheinlich zu lang für einen gut proportionierten Körper sein und muss auf eine geeignete Länge, etwa 7 Zoll, gekürzt werden. Lkw-Aufbauten ragen in der Regel über das Fahrgestell hinaus. Studieren Sie einige der großen Lastwagen, die auf den Straßen zu sehen sind, denn einige von ihnen sind bemerkenswert einfach zu reproduzieren.

Wenn die Dose gekürzt werden muss, verwenden Sie einen Dosenöffner oder die Doppelschere und schneiden Sie 1 Zoll von beiden Enden um die Dose herum, bis ein Ende der Dose vollständig abgeschnitten ist. Schneiden Sie dann das kürzere Ende an der Seite auf ¼ Zoll ab , wobei so viel von der Seite der Dose übrig bleibt, dass sie in den anderen oder größeren Teil der Dose geschoben werden kann, wenn dieser Teil der Dose auf eine geeignete Länge zugeschnitten wird, wenn das kürzere Ende festgelötet wird, um das zu bilden Ende des Körpers, siehe Abb. 74 , B .

Wenn ein Ende der Dose abgeschnitten ist, schneiden Sie die Dose der Länge nach in zwei Teile, sodass der zu verwendende Teil etwa 1½ Zoll hoch ist, und schneiden Sie dann das kürzere Ende ab, sodass es ebenfalls 1½ Zoll hoch ist, damit es dem anderen Teil entspricht der Körper. Setzen Sie dann das Ende der Dose ein und löten Sie es fest.

Schneiden Sie vier ½ Zoll breite Blechstreifen ab, zwei davon so lang wie die beiden Seiten der Dose und zwei so lang wie die Enden, und falten Sie diese Streifen um, um die Oberkanten des Körpers zu schützen, genau wie Sie es getan haben an den Unterkanten des Chassis. Löten Sie diese Streifen an Ort und Stelle und die Karosserie ist fertig und kann an den LKW gelötet werden, siehe Abb . 74 , C.

**Unterschiedliche Karosserietypen, die auf demselben Fahrgestell montiert werden sollen.** — Die oben beschriebene Karosserie kann direkt an das Fahrgestell des Lastkraftwagens oder an einen Blechstreifen angelötet und so angeordnet werden, dass sie zwischen zwei Schienen aus gefaltetem Blech auf das Fahrgestell gleitet. Diese Schienen werden direkt an das Chassis im hinteren Bereich des Sitzes gelötet und die unterschiedlichen Karosserietypen so angeordnet, dass sie dazwischen passen. Somit kann dasselbe Chassis für so viele verschiedene Karosserietypen verwendet werden, wie man dafür herstellen möchte.

Die festen Schienen sollten aus zwei ½-Zoll-Blechstreifen bestehen, die so lang sind wie die Rückseite oder der Boden des Gehäuses, also etwa 6 Zoll. Diese Streifen werden in eine Rinnenform gefaltet, ebenso wie die Streifen, die zum Schutz der Unterkante des LKW-Rahmens verwendet werden. Die gefalteten Streifen, die für die Schieber verwendet werden, werden jedoch etwas offener gelassen, etwa ⅛ Zoll zwischen den Kanten, so dass sie beim Anlöten nicht beschädigt werden können Beim Transport des Lastkraftwagens kann leicht ein Blechstreifen dazwischen geschoben werden, wie in Abb. 75 gezeigt .

Ein flacher Blechstreifen sollte so lang wie die beiden Schienen und so breit zugeschnitten sein, dass er problemlos in die Schienen passt, die an den

Wagen gelötet sind, um ihn aufzunehmen. Beim Anlöten der Schienen an den LKW muss darauf geachtet werden, dass sie parallel zu den Seiten des Rahmens und auch parallel zueinander verlaufen, wie in Abb. 75 gezeigt .

Mehrere Querträger können aus gefaltetem Blech bestehen und an das flache Stück Blech angelötet werden, das zwischen den Schienen gleiten soll. Der LKW-Aufbau sollte an diese Querträger gelötet werden, damit der Aufbau beim Einschieben die festen Schienen freigibt.

Diese Querträger oder Karosseriestützen finden sich üblicherweise unter den Karosserien großer Lkw und verleihen dem Modell eine sehr realistische Note. Sie sollten gerade lang genug sein, um die Kanten der festen Folien freizugeben, wenn sie am flachen Blechstreifen befestigt werden.

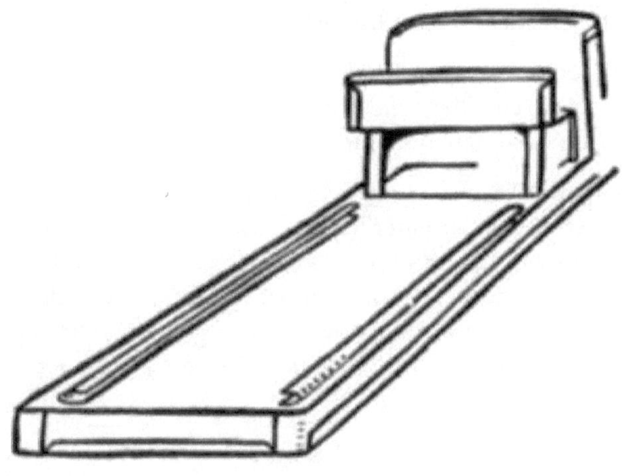

ABB. 75.

Schneiden Sie drei Blechstücke mit einer Breite von 1¼ Zoll und einer Länge von etwa 3 Zoll zu, um daraus die Querträger zu machen (überzeugen Sie sich selbst von diesem Maß). Zeichnen Sie eine Linie im Abstand von ⅜ Zoll von jeder Längsseite der drei Teile aus und falten Sie dann zwei Seiten jedes Teils von den gezeichneten Linien nach unten, sodass drei Querträger oder Stützen entstehen, wie in Abb. 76 gezeigt . Löten Sie diese an den flachen Zinnstreifen, der zwischen die festen Schieber passen soll. An diese drei Stützen soll die LKW-Karosserie angelötet werden.

Eine runde Dose mit aufgelötetem Deckel ergibt einen sehr guten Tankwagen. Ein Teil einer kleinen Dose, beispielsweise einer Zahnpulverdose, kann an die Oberseite des Tanks angelötet werden, um eine Einfüllkuppel zu erhalten, und Imitationen von Wasserhähnen aus Draht oder Messingbecherhaken können an die Rückseite des Tanks und eine kleine Dose angelötet werden Die Lieferung kann problemlos erfolgen und an den Wasserhähnen aufgehängt werden, wie in Tafel XIII gezeigt .

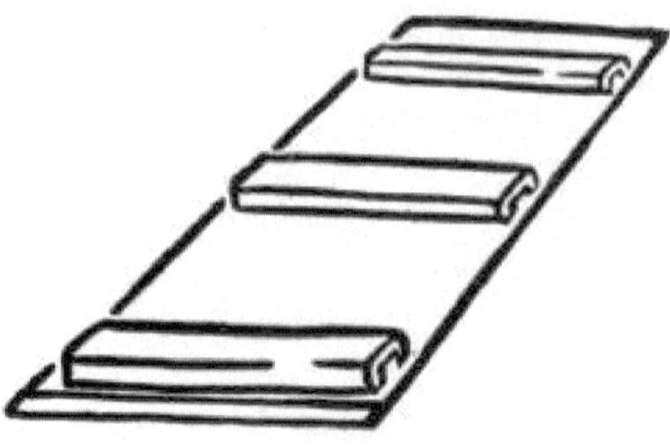

ABB. 76.

Abb. 77 sind sechs verschiedene Typen von LKW-Aufbauten dargestellt, die am Fahrgestell befestigt werden können .

**Der Tankwagen .** — Der Tankwagen besteht aus einer rechteckigen Speiseöldose, an deren Oberseite ein Teil einer kleinen Dose angelötet ist. Die Wasserhähne bestehen aus schräg gebogenen verzinkten Drahtstücken.

**Der Straßensprinkler .** — Der Straßensprinkler kann aus einer großen runden Dose, beispielsweise einer Melasse- oder Sirupdose, mit aufgelötetem Deckel hergestellt werden, um ihn wasserdicht zu machen. In die Oberseite der Dose wird ein Loch geschnitten und der Deckel oder das offene Ende einer kleinen Suppendose über das Loch gelötet. Die Sprinklerrohre bestehen aus Blechstreifen, die um einen großen Nagel gerollt und dann zusammengelötet werden.

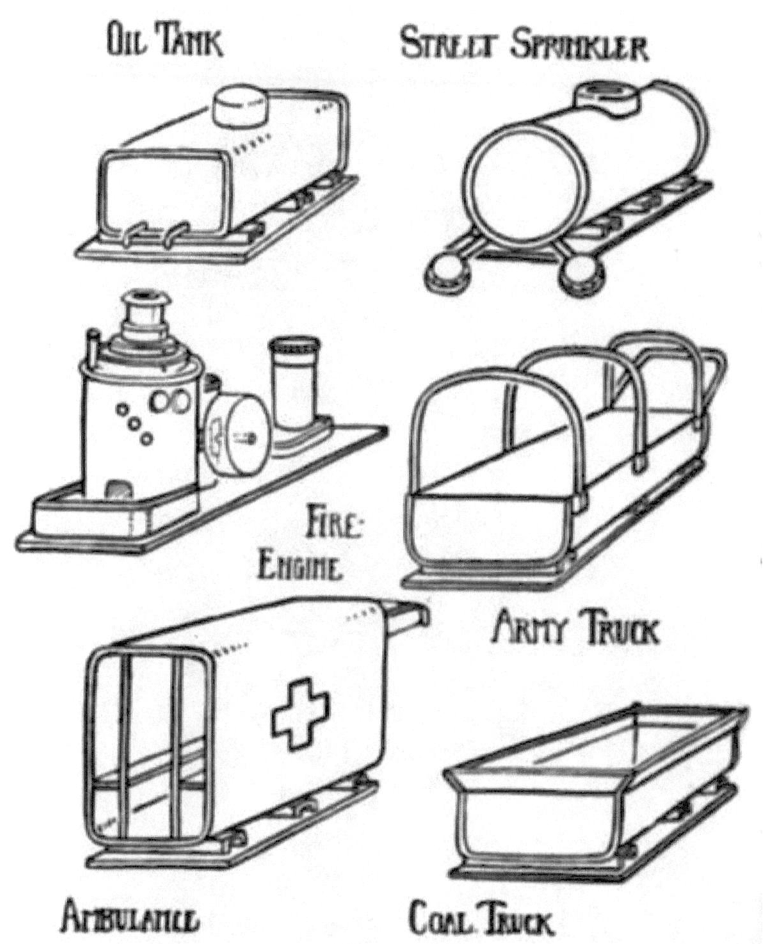



ABB. 77.

PLATTE XIII

Öltankwagen, hergestellt von Miss Nell Guilbert , Teachers College

Spielzeug-Ford vom Autor

Rückansicht eines vom Autor hergestellten Spielzeug-Fords. Reifen bestehen aus Beißringen

TAFEL XIV

Red Cross ambulance made by Miss Frances Jones

Rear of Red Cross ambulance made by Miss Jones

Krankenwagen des Roten Kreuzes, hergestellt von Miss Frances Jones

Rückseite eines Krankenwagens des Roten Kreuzes, hergestellt von Miss Jones

Die Sprinklerenden bestehen aus kleinen runden Metallkästen mit winzigen Löchern in der Unterseite . In die Oberseite jedes runden Kastens wird ein Loch gestanzt , und die Enden der Sprinkler werden an die Rohre gelötet, und die Rohre werden an den Tank gelötet, in den Löcher gestanzt sind, um Wasser in die Rohre zu leiten, so dass das im Tank enthaltene Wasser fließt aus dem Tank in die Rohre und aus den Sprinklerlöchern, die in die kleinen Kästen gestanzt sind. Diese kleinen Kästchen oder Sprinklerenden können aus Kästchen mit Reißnägeln oder aus zwei zusammengelöteten Flaschendeckeln bestehen, der geknitterte Teil sollte jedoch vor dem Löten von den Flaschendeckeln abgeschnitten werden.

**Der Kohle- oder Sandlastwagen .** — Die Karosserie des Kohle- oder Sandwagens besteht aus weniger als der Hälfte einer rechteckigen Speiseöldose, wobei die Oberseite jeder Seite aufgeweitet ist und an jedem Ende zusätzliche Teile angebracht sind, damit sie in die aufgeweiteten Seiten und an jedes Ende passen. Alle scharfen Kanten sollten umgefaltet werden oder zusätzlich gefaltete Blechstreifen sollten umgefaltet und über die Kanten des LKW-Aufbaus gelegt werden.

**Der Armeelastwagen .** — Die Karosserie des Armeelastwagens besteht aus einem Teil einer Speiseöldose. Verzinkter Draht mit kleinem Durchmesser wird in Ringform gebogen und an den Seiten angelötet. Diese Reifen können mit einem khakifarbenen Tuch bedeckt sein, wie es auf dem Frontispiz des großen Armeelastwagens abgebildet ist; Ein khakifarbenes Taschentuch eignet sich hervorragend als Abdeckung für einen kleinen LKW.

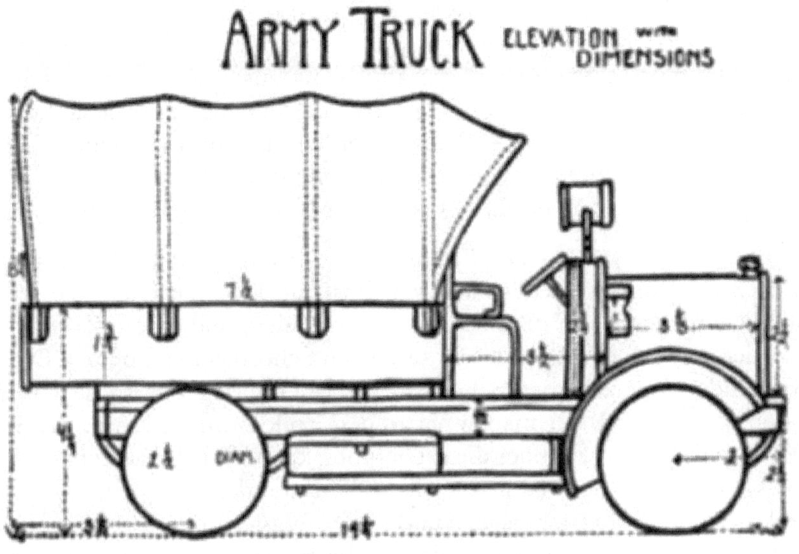

ABB. 78.

**Der Krankenwagen.** — Der Körper des Krankenwagens kann aus einer großen Speiseöldose bestehen. Beide Enden werden aus der Dose herausgeschnitten und die überschüssige Dose abgeschnitten. Eine Seite der Dose wird abgeschnitten und ein flaches Stück Zinn wird über die offene Seite der Dose gelötet, um den Boden des Krankenwagens zu bilden. Eine Haube zur Abdeckung des Fahrersitzes wird aus der gebogenen Seite der Dose herausgeschnitten, um den Boden der Karosserie zu bilden. Zwei Blechstreifen können an die Seite des Körpers gelötet werden, um Sitze oder

Tragen zu bilden, und zwei verzinkte Drahtstücke können an die Sitze sowie an den Boden und das Dach des Körpers gelötet werden, um Griffe zu bilden. Die hintere Stufe kann wie abgebildet aus einem Stück gefaltetem Blech und zwei Stücken verzinktem Draht bestehen. Eine realistische Note kann dem Krankenwagen verliehen werden, indem man einen kleinen Vorhang aus Kutschenleder anfertigt und ihn an der Rückseite des Daches anbringt, so dass er aufgerollt und an Ort und Stelle befestigt werden kann.

**Das Feuerwehrauto .** — Der Feuerwehrkessel kann aus einer Tomatendose mit mehreren unterschiedlich großen Dosendeckeln bestehen, die an den Boden gelötet sind, um die Rauchhaube zu bilden, und einem Zylinder aus Zinn, der an die Deckel gelötet ist, um einen Schornstein zu bilden. Die sich erweiternde Oberseite des Schornsteins besteht möglicherweise aus dem kleinen Mitteldeckel, der manchmal an den Enden runder Dosen zu finden ist. Dieser kleine Deckel oder diese Dichtung kann abgeschmolzen, die Mitte herausgeschnitten und dann an die Oberseite des Schornsteins gelötet werden. Der Dampfanzeiger und der Wasseranzeiger können aus Schraubverschlüssen von Speiseöldosen bestehen. Das Wasserglas besteht möglicherweise aus einem kleinen Stück verzinktem Draht und die Prüfhähne können aus Nieten bestehen, die an den Kessel gelötet sind. Die Nieten können beim Löten mit einer Zange festgehalten werden.

Die Kesselplattform kann aus einer Sardinenbüchse bestehen. Die Motor- und Pumpenzylinder können aus Klebebandkästen oder zylindrisch gerollten Blechstreifen bestehen, deren Enden festgelötet sind. Das Motorrad kann aus einer Kondensmilchdose bestehen. Die Luftkammer kann aus einer vernickelten Rasierstäbchenbox oder einer Gardinenstangenkugel aus Messing bestehen. Die Pfeife kann aus einer gebrauchten .22-Patronenhülse usw. hergestellt werden.

# KAPITEL XV
## EINEN SPIELZEUGAUTO-LKW BAUEN ( *Fortsetzung* )

**Die Anlasserkurbel – das Lenkrad und die Lenksäule – Schmutzfänger und Trittbretter – Lichter, Werkzeugkästen, Hupen usw. – Fahrerkabinen**

Dem LKW können verschiedene Anbauteile hinzugefügt werden, die das allgemeine Erscheinungsbild erheblich verbessern und den LKW sehr realistisch machen.

**Die Startkurbel.** — Eine Startkurbel kann aus einem Stück verzinktem Draht hergestellt werden, der in Kurbelform gebogen ist und durch dafür gestanzte Löcher vor dem Rahmen und durch ein zusätzliches Stück, das unter dem Rahmen angelötet ist, in Position gebracht wird.

Schneiden Sie ein etwa 5 Zoll langes Stück verzinkten Draht ab. Ziemlich dicker Draht sieht besser aus als dünner Draht, wenn er zu einer Kurbel verarbeitet wird. Markieren Sie 1 Zoll von einem Ende des Drahtes und machen Sie dann eine weitere Markierung 1 Zoll von diesem entfernt. Platzieren Sie den Draht so in den Schraubstockbacken, dass die erste Markierung parallel zur Oberkante der Backen verläuft. Biegen Sie den Draht mit einem Hammer im rechten Winkel um, bewegen Sie ihn dann bis zur zweiten Markierung und biegen Sie den Draht erneut im rechten Winkel, sodass eine Kurbelform entsteht, wie in Abb. 79 gezeigt .

Schlagen Sie mit einem Eispickel ein Loch in die Vorderseite des LKW-Rahmens und machen Sie es so groß, dass sich die Kurbel darin frei drehen lässt.

Schneiden Sie ein ¾ x ¾ Zoll großes Stück Blech ab, biegen Sie es an einem Ende um ¼ Zoll und stanzen Sie ein Loch, damit der Kurbeldraht in die Mitte der größten Seite dieses Stücks passt, und löten Sie es direkt hinter dem vorne gestanzten Loch an des Rahmens und in einer solchen Position, dass das Ende des Kurbeldrahts etwa ¼ Zoll über das kleine Winkelstück hinausragt, das am Rahmen angelötet ist, wie in Abb. 80 gezeigt .

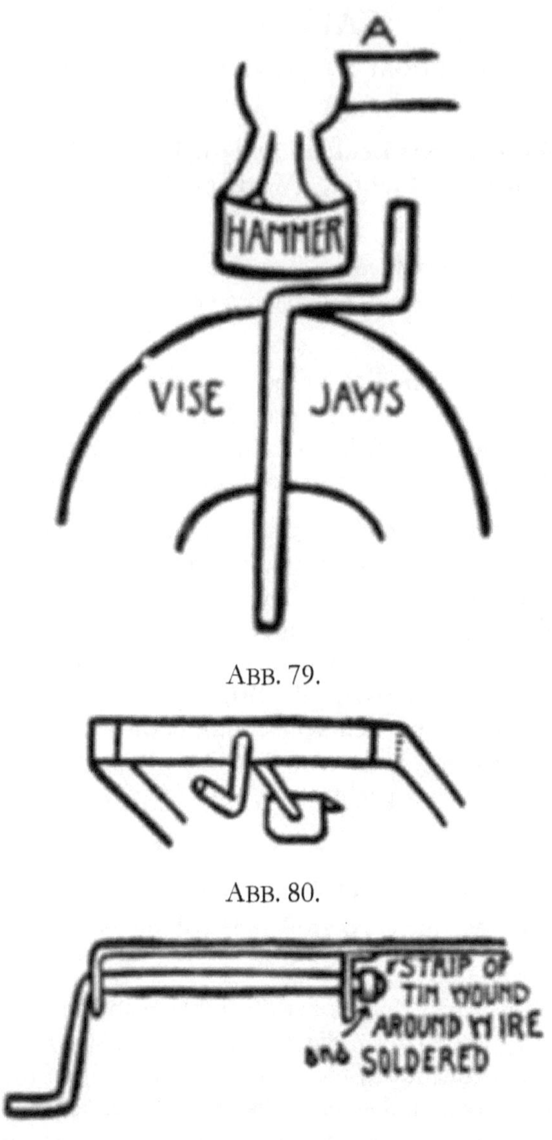



ABB. 79.

ABB. 80.



ABB. 81.

Wickeln Sie einen schmalen Zinnstreifen um das gerade vorstehende Ende des Kurbeldrahts und löten Sie ihn an, wobei das Lot gleichzeitig auf das Drahtende und das Ende des aufgerollten Zinnstreifens aufgetragen wird, Abb. 81 .

**Das Lenkrad und die Säule.** — Ein Lenkrad kann aus einem alten Uhrzahnrad mit abgeschnittenen Zähnen hergestellt werden, oder es kann stattdessen ein kleiner Dosendeckel verwendet werden. Die Lenkradsäule kann aus einem Stück schwerem verzinktem Draht bestehen.

Uhrenzahnräder sind normalerweise auf einer kurzen Stahlwelle befestigt. Sie können jedoch leicht von der Welle abgetrieben werden, indem die Welle des Rads in die Schraubstockbacken eingesetzt wird, so dass sich das Rad über den Schraubstockbacken befindet, und dann ein paar leichte Hammerschläge ausgeführt werden Am oberen Ende der Welle wird das Rad gelöst und kann leicht entfernt werden. Die Schraubstockbacken sollten die Welle beim Herausziehen aus dem Rad sehr locker halten.

Schneiden Sie die Zähne mit der Metallschere ab und feilen Sie mit einer glatten Flachfeile die Unebenheiten an der Radkante ab.

Suchen Sie ein Stück verzinkten Draht, das in das Loch im Uhrenrad passt, oder feilen Sie ein größeres Stück ab, bis es passt. Der Draht sollte etwas über das Rad hinausragen und genauso daran angelötet werden, wie das Blechdosenrad an eine Achse angelötet wird. Der Draht, an den das Lenkgetriebe angelötet ist, sollte lang genug sein, um durch das Armaturenbrett, die Motorhaube und den Rahmen zu verlaufen, wenn sich das Rad drehen soll. Ein Blechstreifen ist um den Draht unterhalb des Rahmens gewickelt, wie in Abb. 82 dargestellt. Diese werden mit dem Draht verlötet, um ihn in Position zu halten und ihm dennoch eine freie Drehung in den Löchern zu ermöglichen.


**Schmutzfänger und Trittbretter.** — Schmutzfänger können aus einem Teil der Seite und des Bodens einer Dose hergestellt werden, wie in Abb. 83 gezeigt. Eine 3-Zoll-Dose ist die beste Größe für den LKW. Die Dose wird auf eine Höhe von 1⅛ Zoll gekürzt und dann am Boden in zwei Teile geschnitten, sodass aus jeder Dose zwei Schmutzfänger hergestellt werden können. Die Außenkanten werden wie bei der Herstellung eines Tabletts umgedreht und gefaltete Stücke über die Enden gestülpt, wie in Abb. 83 gezeigt. Diese Kotflügel werden in der abgebildeten Position mit dem Rahmen verlötet.

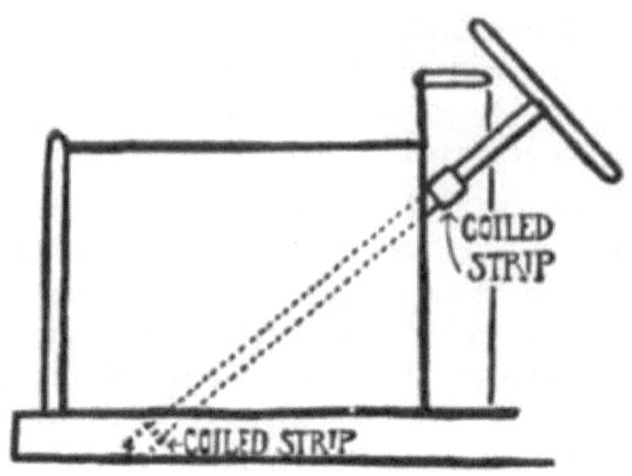


ABB. 82.

Trittbretter können aus zwei Blechstücken hergestellt werden, wobei jedes Stück 1¼ Zoll breit und so lang wie gewünscht zugeschnitten werden muss. Die vier Teile werden an den Längsseiten jeweils um ⅛ Zoll nach unten gedreht und zwei Teile werden übereinander angebracht, um ein Trittbrett zu erhalten, wie in Abb. 84 gezeigt . Für die Trittbretter können zwei oder drei Stützen aus verzinktem Draht hergestellt werden. Diese Stützen erstrecken sich über den Rahmen des Lastkraftwagens und ein Ende jeder Stütze ist an jedes Trittbrett gelötet. Ein Ende jedes Trittbretts ist normalerweise an jedem Kotflügel angelötet.

ABB. 83.

**Lichter, Hupen usw.** – Scheinwerfer können aus Reißnägelschachteln, Flaschenverschlüssen oder den Deckeln von Zahnpulverdosen bestehen.

Seitenlichter können aus den Schraubverschlüssen von Speiseöldosen oder dem zylindrischen Teil von Zahnpulverdosendeckeln hergestellt werden .


Rücklichter können aus Schraubverschlüssen von Speiseöldosen hergestellt werden.

Suchscheinwerfer können aus kleinsten Klebebandkästen hergestellt werden, die auf geeigneten Ständern aus verzinktem Draht oder Blechstreifen montiert sind.

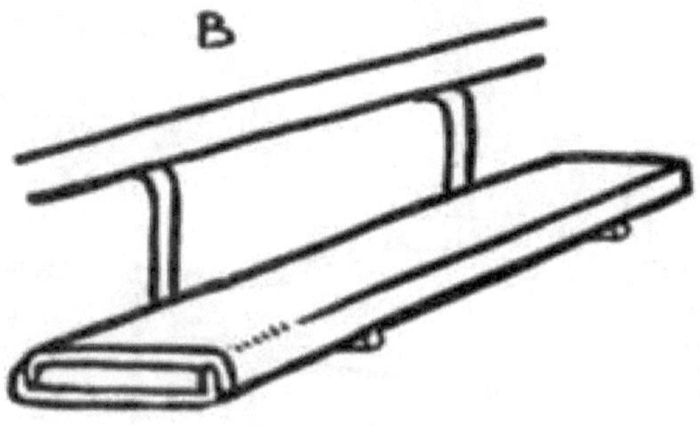


ABB. 84.

Der mittlere Teil des Deckels dieser Boxen ist weggeschnitten und es kann ein Stück Hausenblase oder transparentes Zelluloid eingesetzt werden, das wie eine Linse aussieht. Der mittlere Teil wird mit einem kleinen Meißel weggeschnitten, wenn die Abdeckung über das Ende eines im Schraubstock gehaltenen runden Stabes gelegt wird. Die rauen Kanten werden mit einer glatten Halbrundfeile geglättet.

Der Aufbau dieser Leuchten ist so einfach, dass keine weiteren Erklärungen erforderlich sind. Sie werden einfach an den Rahmen oder die Haube gelötet, wo sie diese berühren, wenn sie angebracht werden. Der Suchscheinwerfer wird normalerweise montiert, indem ein Loch für den Standard in die Motorhaube gestanzt wird oder indem ein zusätzliches Stück an das Armaturenbrett gelötet wird, um den Drahtstandard aufzunehmen, Abb. 85

.

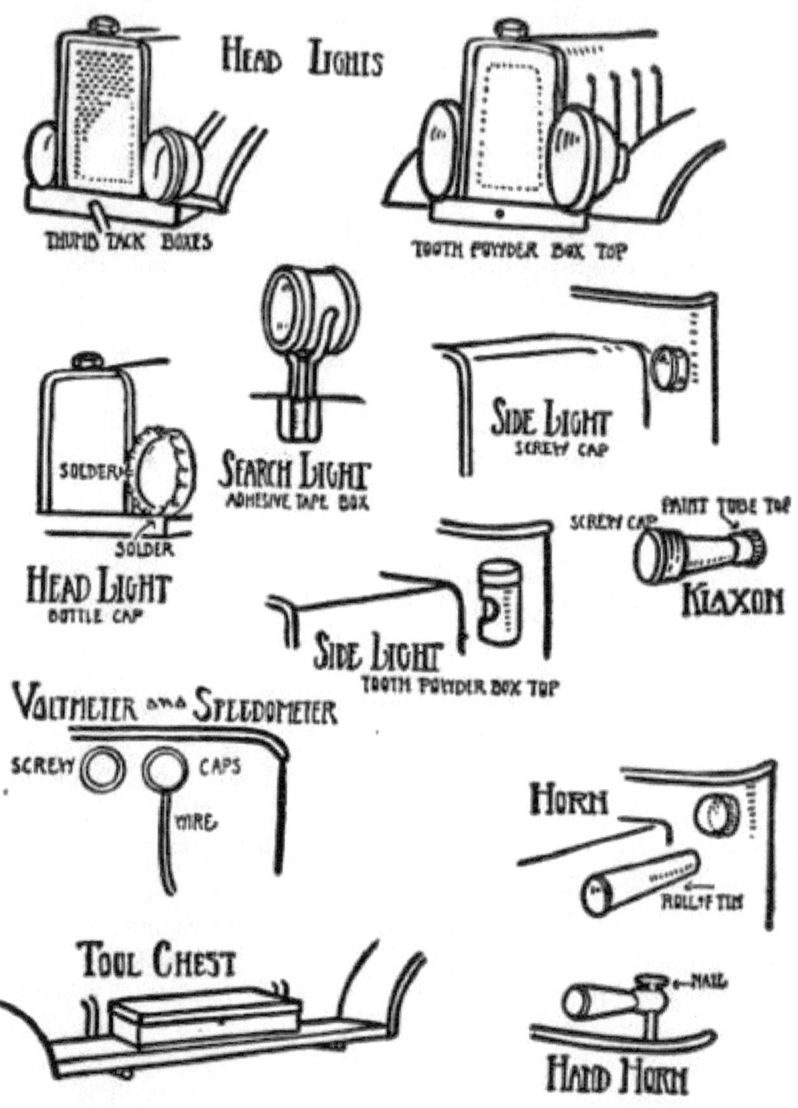


ABB. 85.

**Werkzeugkästen, Hörner usw.** – Für Werkzeugkästen können kleine rechteckige Rindfleischwürfel oder Kaugummikästen an das Trittbrett gelötet werden. Diese Kisten haben abgerundete Ecken und sehen den großen Werkzeugkisten, Abb. 85, sehr ähnlich .

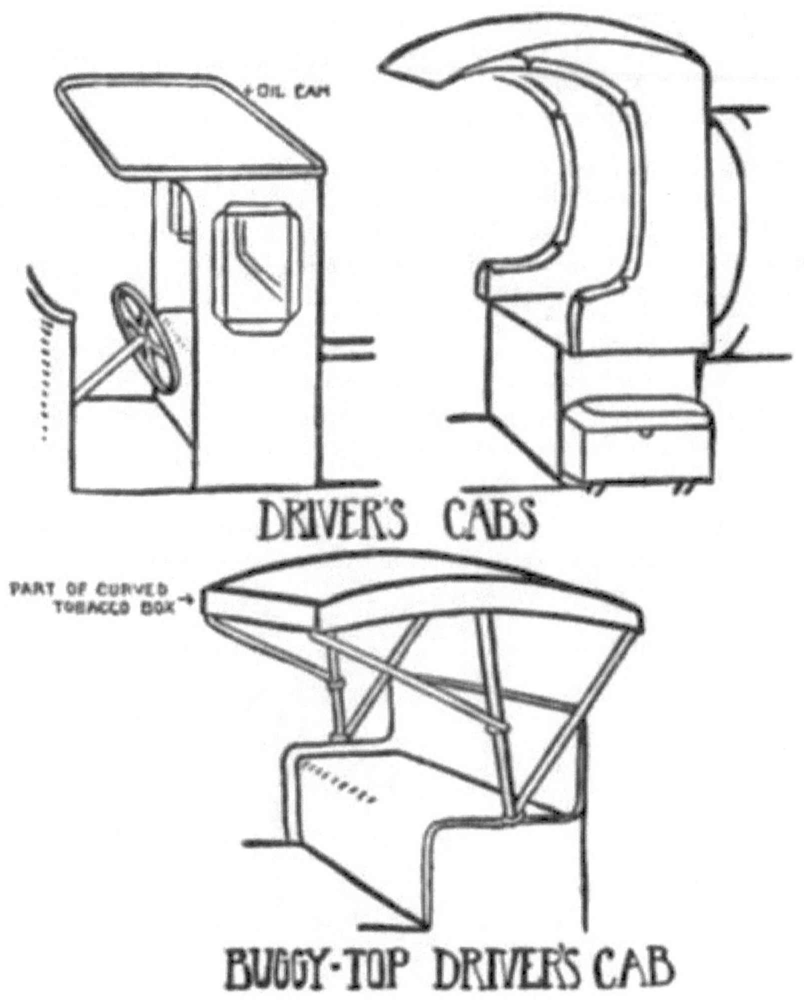


ABB. 86.

Hupen können auf verschiedene Arten hergestellt werden. Die einfachste Form ist ein kegelförmig gerolltes Stück Blech, das an das Armaturenbrett gelötet wird. Ein realistischeres Horn kann hergestellt werden, indem man einen Schraubverschluss an das größere Ende des Kegels anlötet und den Verschluss einer Farbtube am kleineren Ende anbringt. Ein Handhorn kann wie in Abb. 85 gezeigt hergestellt werden .

Tachometer, Voltmeter und Amperemeter können wie abgebildet aus Schraubverschlüssen bestehen, die in das Armaturenbrett eingelötet sind.

**Fahrerhäuser .** — Die meisten großen Lastwagen verfügen über eine Art Kabine, um den Fahrer vor Witterungseinflüssen zu schützen, mit Ausnahme der Armeelastwagen, die zum Schutz normalerweise auf einen Teil der Plane oder Plane angewiesen sind.

Bei den Spielzeuglastwagen können diese Kabinen sehr einfach aus einer quadratischen Kakao- oder Olivenöldose aus Blech hergestellt werden oder sie können, abhängig von den Fähigkeiten des Herstellers, aufwändiger gebaut sein. Diese Fahrerhäuser sollten sorgfältig gefertigt und im richtigen Verhältnis zum Rest des LKWs gehalten werden.

Alle scharfen Kanten sollten umgedreht oder mit gefalteten Blechstreifen umwickelt werden. Fenster können in die Kabine geschnitten werden, indem man sie auf den Block legt und sie mit einem kleinen Meißel ausschneidet. Die Kanten dieser Fenster sollten alle mit gefalteten Blechstreifen umwickelt werden, wie in der Abbildung gezeigt.

Das Buggy-Oberteil für den Fahrersitz kann aus einem Teil einer bestimmten bekannten gebogenen Tabakschachtel und mehreren kurzen Stücken verzinktem Draht hergestellt werden, Abb. 86 .

# KAPITEL XVI
## BOOTE

**Das Ruderboot – das Segelboot – die Scow – der Schlepper – das Schlachtschiff – das Fährschiff**

Die elliptisch geformten Blechdosen, die für verschiedene Fischarten verwendet werden, können zu schwimmenden Booten verarbeitet werden. Ein Deck wird fest an die Dose gelötet, wo der Deckel entfernt und verschiedene Aufbauten hinzugefügt wurden, um die verschiedenen Bootstypen herzustellen. Um jedoch ein Ruderboot zu bilden, können Sitze an eine offene Dose gelötet werden.

**Das Ruderboot.** — Das Ruderboot ist am einfachsten herzustellen, da kein Deck aufgelötet werden muss. Es sollte eine schmale elliptische Fischdose verwendet werden. Diese Dosen enthalten normalerweise frische Makrelen und haben die Form eines echten Bootes.

Solche Dosen werden oben innerhalb des Rollrandes geöffnet. Die überschüssige Dose am Rand des Randes sollte wie bei der Herstellung eines Eimers mit der Zange herausgebrochen werden, wobei alle Unebenheiten weggefeilt werden sollten.

Legen Sie die Dose mit der Vorderseite nach unten auf ein Blatt Papier und zeichnen Sie mit einem spitzen Bleistift die Außenkante nach, um einen Umriss des Bootes zu erhalten. Dieser Umriss dient als Orientierung beim Ausschneiden der Sitze. Die Sitze können auf den bereits auf Papier gezeichneten Umriss des Bootes zugeschnitten werden, wenn die beiden Endsitze an Bug und Heck passen. Allerdings muss der Mittelsitz etwas gekürzt werden, damit er zum Boot passt. Als Abschluss müssen die freien Kanten der Sitze umgeschlagen werden.

**Das Segelboot.** — Ein Catboat oder eine Schaluppe kann aus der gleichen Art schmaler elliptischer Kanne oder sogar aus einer breiteren Kanne derselben Form hergestellt werden. An diese Dose ist ein Deck angelötet, in das ein Loch für ein Cockpit geschnitten ist. Am Rand des Cockpits ist ein gefaltetes Blechband angelötet.

An das Heck ist ein Rohr aus Zinn gelötet, durch dieses Rohr wird eine Pinne aus Draht geführt und an ein Ruder gelötet. In der Mitte des Vorderdecks wird ein Loch gestanzt und in dieses Loch wird ein Blechrohr eingelötet, das den Mast aufnehmen soll. Der Mast und die Holme sind aus Holz.

Der Kiel besteht aus einem Stück Zinn, das an den Bootsboden gelötet ist. Das Boot sollte fertiggestellt und der Mast, die Spieren und die Segel angebracht sein, bevor der Kiel aufgelegt wird. Probieren Sie das Boot in einem Wasserbecken aus. Es wird wahrscheinlich umkippen, wenn nicht eine sehr breite Dose für die Zubereitung verwendet wird. Schneiden Sie einen Kiel in der in Abb. 87 gezeigten Form aus und löten Sie ihn an beiden Enden leicht an. Setzen Sie das Boot erneut ins Wasser, um zu sehen, wie es schwimmt. Ist der Kiel zu schwer, kann ein Teil davon abgeschnitten werden, ist er zu leicht, kann er abgebrochen und ein schwererer Kiel angefertigt und aufgelötet werden. Wenn diese Boote richtig gebaut sind, sind sie gute Segler

.

Beim Anlöten eines Decks an das Boot bleibt die raue Kante, die nach dem Abschneiden des Deckels der Dose übrig bleibt, an Ort und Stelle, um eine Art Leiste zum Anlöten des Decks zu bilden. Die groben Riffelungen können abgeflacht werden, indem Sie die Rillen während der Arbeit mit einer Flachzange nach unten drücken und sie einfach flach zusammendrücken.

**Der Scow.** — Ein kleiner Scow kann aus einer Keksschachtel aus flachem Blech hergestellt werden, die kleine süße Kekse mit einer Cremefüllung enthält. Sowohl die Schachtel als auch der Deckel werden wie in Abb. 88 gezeigt verwendet und zugeschnitten . Die Box wird in der ursprünglichen Breite belassen. Die beiden Enden werden vom Deckel abgeschnitten. Aus den beiden heruntergeklappten Seiten des Deckels werden gefaltete Streifen hergestellt, mit denen die Seiten des Scow zusammengebunden werden.

Ein winziger Kasten, der aus einem Teil des Deckels besteht, ist als Kabine an das hintere Deck des Scows gelötet. Für ein Ofenrohr wird ein kleines, schräg gebogenes Stück verzinkten Drahtes an die Kabine angelötet. Die Abschleppstangen sind Nieten, die an das Vorderdeck gelötet sind.

**Der Schlepper.** — Schlepper können aus den größeren elliptischen Fischbehältern hergestellt werden. Eine ausreichend große Dose dieser Art ist diejenige, die üblicherweise Hering enthält. Aus dieser Kanne lässt sich ein großer Schlepper herstellen. Wenn jedoch ein kleiner Schlepper gebaut werden soll, um das oben beschriebene Schleppboot zu schleppen, eignet sich am besten eine Makrelenrogendose.

Ein Deck wird fest mit der Dose verlötet, wie beim Segelbootbau, nur dass das Deck ganz bleibt; Es sind keine Öffnungen darin geschnitten.

Die Kabine besteht aus einer rechteckigen Kakaodose oder einer kleinen Olivenöldose, die auf eine geeignete Höhe zugeschnitten und von unten nach oben an das Deck gelötet wird.

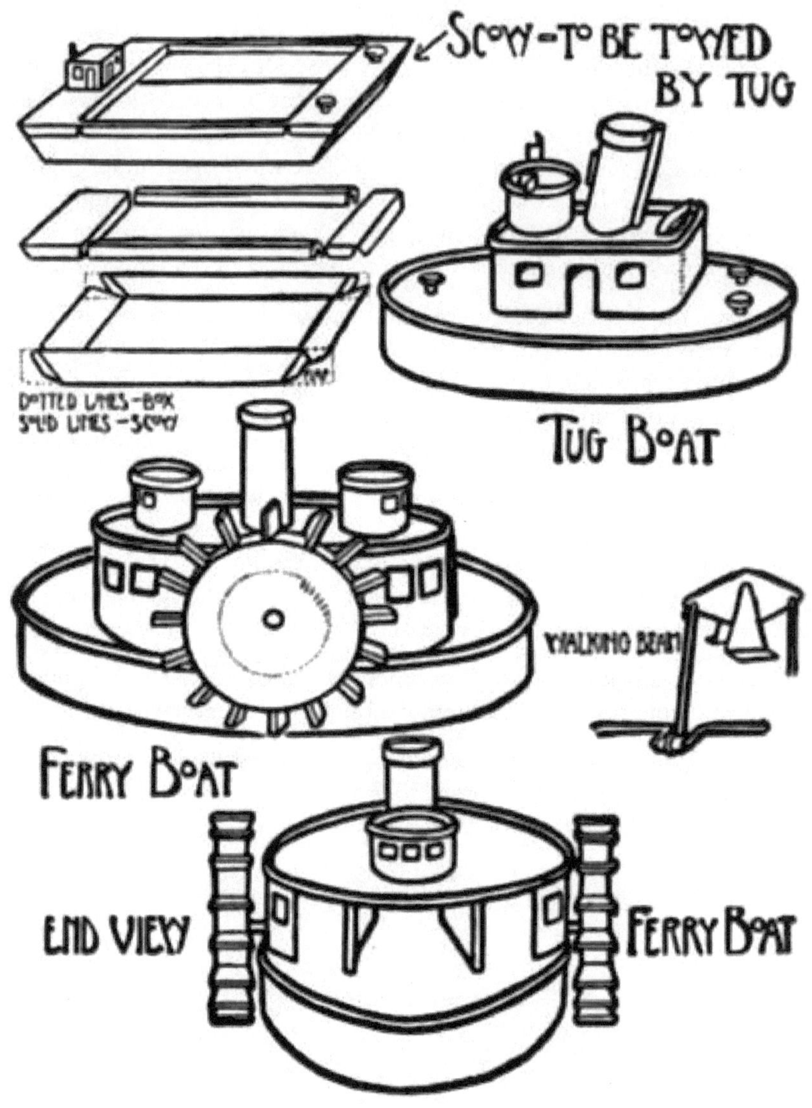


ABB. 88.

Das Lotsenhaus besteht aus einer kleinen Heftpflasterschachtel, der Schornstein aus einem kleinen Stück Blech, dessen Oberkante zunächst umgefaltet und dann in eine zylindrische Form gerollt wird. Für ein Auspuffrohr kann ein Stück Draht an den Stapel angelötet werden. Für eine Pfeife ist an der Vorderseite des Stapels ein kleines Stück Draht angelötet. Diese Drahtstücke können mit feinem Eisenbindedraht, wie ihn Floristen verwenden, am Stapel befestigt werden. Wenn der Drahtauslass und die Pfeife an den Stapel angelötet sind, kann der Draht entfernt werden. Es wird

sehr schwierig sein, diese kurzen Stücke festzulöten, ohne sie in ihrer
Position zu fixieren.

PLATTE XV

*Mit freundlicher Genehmigung der Bildbesprechung*

Boote vom Autor

Das Rettungsboot besteht aus einem kleinen gefalteten Stück Blech, dessen
beide Enden hineingeschoben und zusammengelötet werden. Das fertige
Boot wird auf das Dach der Kabine gelötet.

Die Schleppspitzen sind mit dem Deck verlötete Nieten. Denken Sie daran,
die Nieten beim Anlöten mit der Zange festzuhalten. Wenn diese Boote im
Wasser treiben, kann es vorkommen, dass sie leicht zur Seite kippen. Etwas
Lötzinn kann auf dem Boden des Bootes geschmolzen werden, wobei das
Kupfer so positioniert ist, dass es einer Tendenz zum Kippen entgegenwirkt.

**Das Schlachtschiff, Zerstörer usw. – Das in** Tafel XV gezeigte
Schlachtschiff besteht aus einer schmalen elliptischen Fischdose. Ein Deck
wird aufgelötet und eine Kabine aus einer kleinen rechteckigen Kiste, in die
normalerweise Rindfleischwürfel eingepackt werden.

Die Türme bestehen aus Pillen- oder Salbendosen im kleinen runden
Blechdesign. Der Deckel der Box ist mit dem Deck verlötet und wenn die
Box in den Deckel eingesetzt ist, kann der Turm gedreht werden.

Die Geschütze bestehen aus kurzen Drahtstücken, die an die Türme und die
Kabine gelötet sind.

Der Mast besteht aus einer Ölkanne aus Zinn oder einem kegelförmig gerollten Stück Zinn. Daran ist als Kampfdeckel ein Schraubdeckel einer Zahnpastatube angelötet.

Es muss eine Art Kiel an das Schlachtschiff gelötet werden, um es aufrecht im Wasser zu halten. Drei Stücke schweren verzinkten Drahts können an der Unterseite angelötet werden, eines in der Mitte und eines an jeder Seite, oder ein Streifen Bleiblech kann an der Unterseite angelötet werden.

Ein Zerstörer kann auf die gleiche Weise wie ein Schlachtschiff aufgebaut werden; Tatsächlich kann fast jeder Bootstyp durch Änderung des Aufbaus gebaut werden.

**Die Fähre .** — Eine Fähre kann mit Schaufelrädern gebaut sein, die sich drehen, wenn das Boot im Wasser gezogen oder in einem fließenden Bach verankert wird.

Der Rumpf besteht aus einer gekippten Heringsdose mit aufgelötetem Deck. Für die Seiten der Kabinen werden vier Blechstreifen ausgeschnitten. Zwei davon werden neben dem Rollrand an die Seiten des Rumpfes gelötet und folgen dem Umriss der Dose bzw. des Rumpfes. Die beiden Innenwände der Kabinen sind etwa ¾ Zoll innerhalb der Außenwände verlötet, so dass ein Gang durch die Mitte des Bootes verbleibt.

An diese vier Wände ist ein Oberdeck angelötet; Die Innenwände müssen lediglich an beiden Enden mit dem Oberdeck verlötet werden.


Die beiden Lotsenhäuser bestehen aus Heftpflasterkästen und der Schornstein ist aus einem Stück Blech aufgerollt.

Durch alle vier Wände der Kabine wird ein Loch gestanzt oder gebohrt, um die Achse der Schaufelräder aufzunehmen.

Die Schaufelräder werden genau wie die Räder von PKWs aus kleinen Dosen hergestellt, und acht kleine quadratische Blechstücke werden als Schaufeln an den Umfang jedes Rads gelötet. Auf die Achsen zwischen den Rädern und den Kabinen werden gerollte Blechstreifen für Unterlegscheiben gelegt. Die Achse sollte sich in den Achslöchern sehr frei drehen lassen.

Wenn man über etwas mechanisches Geschick verfügt, ist es nicht sehr schwierig, eine Kurbel in die Schaufelradachse zu formen und eine Pleuelstange an einem kleinen Wanderbalken aus Blech zu befestigen, der sich beim Drehen der Schaufelräder auf und ab bewegt. Am anderen Ende des Hubbalkens kann eine Kolbenstangenimitation befestigt werden, die durch ein Loch im Oberdeck frei laufen kann.

Die Räder der Fähre drehen sich, wenn sie in einem fließenden Bach verankert oder hinter einem Ruderboot gezogen wird.

# Kapitel XVII
## Eine Spielzeuglokomotive

**EINE EINFACHE SPIELZEUGLOKOMOTIVE – DER RAHMEN – KESSEL – FAHRERHAUS – RÄDER – ZYLINDER UND PLEUELSTANGEN – DER RAUCHSCHACHT, DAMPFKUGEL UND PFEIFE, SANDKASTEN UND SCHEINWERFER – AUTOS – EIN PERSONENWAGEN UND EINIGE ANDERE**

Tafel XV gezeigte Lokomotive ist so konstruiert, dass sich die Pleuel beim Ziehen der Lokomotive hin und her bewegen. Die Hauptabmessungen sind in Abb. 89 angegeben . Die Herstellung dieser Lokomotive ist nicht viel schwieriger als die des Auto-Lastwagens, aber es sollte nicht versucht werden, bis der Auto-Lastwagen zufriedenstellend fertiggestellt ist.

**Der Rahmen.** — Der Rahmen der Lokomotive sollte zuerst hergestellt werden und besteht aus einem flachen Stück Blech von 5¼ x 10½ Zoll. Zeichnen Sie eine Linie ¼ Zoll innen und entlang aller Kanten, schneiden Sie die Ecken ab, wie in Abb. 89 gezeigt , und falten Sie alle vier Kanten nach innen. Schneiden Sie die Ecken des Rahmens entlang der Linien *A* , *A* , *A* , *A ein* .

PLATTE XVI

Simple toy locomotive and sand or water mill made by the author

The first tin can toy.   A locomotive made by the author for his son

Einfache Spielzeuglokomotive und Sand- oder Wassermühle vom Autor

Das erste Blechdosenspielzeug. Eine Lokomotive, die der Autor für seinen Sohn gebaut hat

TELLER XVII

*Mit freundlicher Genehmigung von New York World*

Dampftraktor und Waffe unbemalt


Drehen Sie zuerst die beiden Seiten des Rahmens nach unten und dann die beiden Enden nach unten. Die vier Seitenteile, die über die Seiten hinausragen, werden über die Enden eingeschlagen, wie in Abb. 89 gezeigt . Die Seiten und Enden des Rahmens können über einen quadratischen Ahornblock gedreht werden. Den Rahmen an den Enden verlöten.

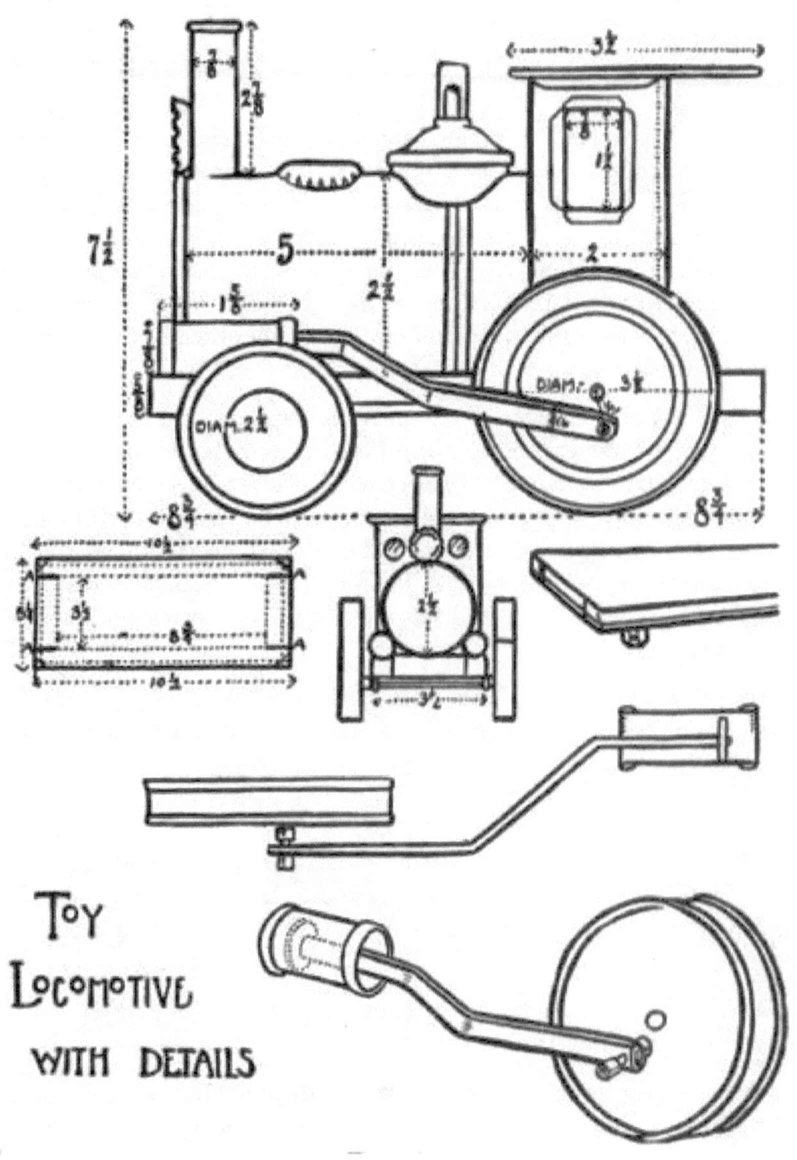


ABB. 89.

**Der Kessel.** — Der Kessel besteht aus zwei kleinen Suppendosen. Es wird eine ganze Dose verwendet und der Boden und ein Teil der Seiten einer anderen Dose genau der gleichen Größe mit der ersten Dose verlötet, um einen langen Kessel herzustellen. Für den Boiler kann, sofern verfügbar, eine lange Kanne verwendet werden. Wenn zwei oder mehr Dosen zu einem

Langkessel zusammengelötet werden, ergeben die beiden zusammengelöteten Rollränder der Dosen das Aussehen eines Kesselbandes, wie in Abb. 89 dargestellt .

**Das Taxi.** — Die Kabine besteht aus einer rechteckigen Kakaodose. Der größte Teil einer Seite ist weggeschnitten, so dass gerade so viel übrig bleibt, dass man ihn an die Seiten des Fahrerhauses zurückklappen kann. Anschließend wird das Fahrerhaus auf einen Holzklotz gestellt und mit einem Meißel werden die Fensteröffnungen ausgeschnitten. Zum Ausschneiden der vorderen Fenster kann ein großer runder Locher oder zum Ausschneiden dieser runden Fenster ein sehr kleiner Meißel aus einem Nagel verwendet werden.

Für die Kabine wird ein Deckel aus einem Stück Blech mit den Maßen 3¾ x 3¾ Zoll im Quadrat angefertigt. Rund um dieses Stück wird ein Viertelzoll abgezeichnet und eingedreht. Zwei gegenüberliegende Seiten werden nach unten geklappt und die beiden anderen Seiten stehen im rechten Winkel zum Teil. Diese beiden gegenüberliegenden Seiten werden gerade so weit offen gelassen, dass sie über die Oberseite des Kastens geschoben werden können, der die Kabine bildet, wo die Oberseite wie in gezeigt festgelötet wird die Zeichnung.

Der Kessel sollte an die Kabine gelötet werden und dann werden diese beiden an den Rahmen gelötet, wo sie ihn am vorderen Ende des Kessels und an der Basis der Kabine berühren.


**Die Räder.** — Die Vorderräder der Lokomotive sind genauso aus den kleinen Kondensmilchdosen gefertigt wie die Räder des Auto-Lastwagens. Diese Räder haben einen Durchmesser von 2½ Zoll und eine Breite von ⅝ Zoll.

Die Drahtachse der Vorderräder verläuft durch zwei Ösen, die an den Seiten des Rahmens angelötet sind.

Die Antriebsräder bestehen aus 3½-Zoll-Rollfelgen. Die Achse dieser Räder verläuft direkt durch Löcher in den Seiten des Rahmens.

Ein Stück verzinkter Draht mit einer Länge von 1¼ Zoll wird als Antriebsstifte für die Pleuel an jedem Antriebsrad verwendet. Jedes Stück Draht wird durch zwei Löcher im Antriebsrad geführt, wobei diese Löcher einander direkt gegenüberliegen und genau ½ Zoll von der Mitte jedes Rads entfernt sind. Da diese Mitnehmerstifte vollständig durch das Rad verlaufen, sollten sie zur Erhöhung der Festigkeit an beiden Seiten des Rads angelötet werden, da sie sich sehr leicht von den Rädern lösen würden, wenn sie nicht vollständig durch das Rad geführt würden und nicht von jedem getragen würden Seite davon.

**Zylinder und Pleuel.** — Diese Zylinder werden aus flachen Blechstücken von jeweils 2¼ x 3¼ Zoll aufgerollt. Die Dose wird an den beiden kürzesten Seiten jedes Stücks umgefaltet, bevor sie in eine zylindrische Form gebracht wird, wobei die gefalteten Seiten der Dose jeweils die Enden der Zylinder bilden.

Die Pleuel bestehen aus zwei Blechstreifen von jeweils ¾ x 6¼ Zoll. Beide Seiten des Streifens sind nach innen gefaltet, wodurch eine dreifache Dicke aus Zinn und eine Verbindungsstange von etwa $5/16$ Zoll Breite und 6 ¼ Zoll Länge entsteht.

An einem Ende jeder Pleuelstange ist eine Zinnscheibe angelötet. Diese Scheiben sollten etwas kleiner als der Durchmesser der Zylinder sein, damit sie im Inneren der Zylinder leicht hin und her gleiten können.

Die Pleuelstangen müssen in den beiden in Abb. 89 gezeigten Winkeln gebogen werden , damit jede Stange mit dem Zylinder und dem Antriebsrad fluchtet.

**Der Schornstein, die Dampfkuppel und die Pfeife, der Sandkasten und der Scheinwerfer.** — Der Schornstein wird aus einem 2¾ x 2⅞ Zoll großen Stück Blech aufgerollt. Dieses Stück Blech wird von der Seite einer Dose abgeschnitten, so dass der gerollte Rand oben für den Rand des Stapels übrig bleibt.

Die Dampfkuppel besteht aus dem oberen Teil einer Zahnpulverdose mit aufgesetztem Verteilerdeckel. Diese Oberseite bleibt offen, um eine Pfeife zu bilden. Der Teil der Zahnpulverdose, der am Kessel anliegt, muss sehr sorgfältig angepasst werden, um der Krümmung des Kessels zu entsprechen.

Der Sandkasten kann aus einem Flaschenverschluss und der Scheinwerfer aus einem anderen Flaschenverschluss hergestellt werden, wie in der Zeichnung gezeigt.

**Autos.** — Ein Kohletender für die Lokomotive kann aus einem kleinen quadratischen Kasten hergestellt werden, der auf einem Rahmen oder einer Plattform ähnlich der Lokomotive montiert ist, nur kleiner. Die Autoräder können aus kleinen Kondensmilchdosen oder aus anderen erhältlichen kleinen Dosen hergestellt werden.

Ein Güterwagen kann ähnlich wie ein Kohletender aus einem langen quadratischen Kasten hergestellt werden. Personenkraftwagen können aus langen rechteckigen Dosen hergestellt werden und die Fenster und Türen können an den Seiten oder Enden ausgeschnitten oder lackiert sein. Achten Sie beim Ausschneiden von Fenstern und Türen darauf, gefaltete Blechstreifen über die verbleibenden Rohkanten zu legen.

**Ein Personenwagen und einige andere.** — Ein Personenkraftwagen kann aus einer Oliven- oder Speiseöldose hergestellt werden; das heißt, etwa die Hälfte einer der größeren Dosen der Länge nach aufgeschnitten. Wählen Sie eine Dose so aus, dass sie, wenn sie der Länge nach auf die richtige Größe zugeschnitten wird, im richtigen Verhältnis zu der Lokomotive steht, die damit verwendet werden soll. In den Zeichnungen sind keine Abmessungen angegeben, da diese Dosen unterschiedlich groß sind. Es ist jedoch nicht schwierig, eine geeignete rechteckige Dose für einen Pkw zu finden.

Wenn die Dose aufgeschnitten ist, zeichnen Sie zwei parallele Linien entlang der Seiten, um Fensteröffnungen zu schaffen. Versuchen Sie nicht, jedes Fenster einzeln zu schneiden, sondern schneiden Sie eine lange Öffnung für alle Fenster, binden Sie die Schnittkanten mit gefalteten Streifen zusammen und löten Sie dann gefaltete Stücke in Abständen über die Fensteröffnungen, um die Fenster zu trennen.

Schneiden Sie in jedes Ende des Wagens eine Tür ein und binden Sie die Kanten mit gefaltetem Blech zusammen. Die vorspringenden Hauben über der Tür an jedem Ende des Autodachs können aus Teilen der Seiten und des Bodens einer quadratischen Dose oder aus dem Teil der Oliven- oder Speiseöldose bestehen, der bei der Herstellung der Autokarosserie weggeschnitten wird.

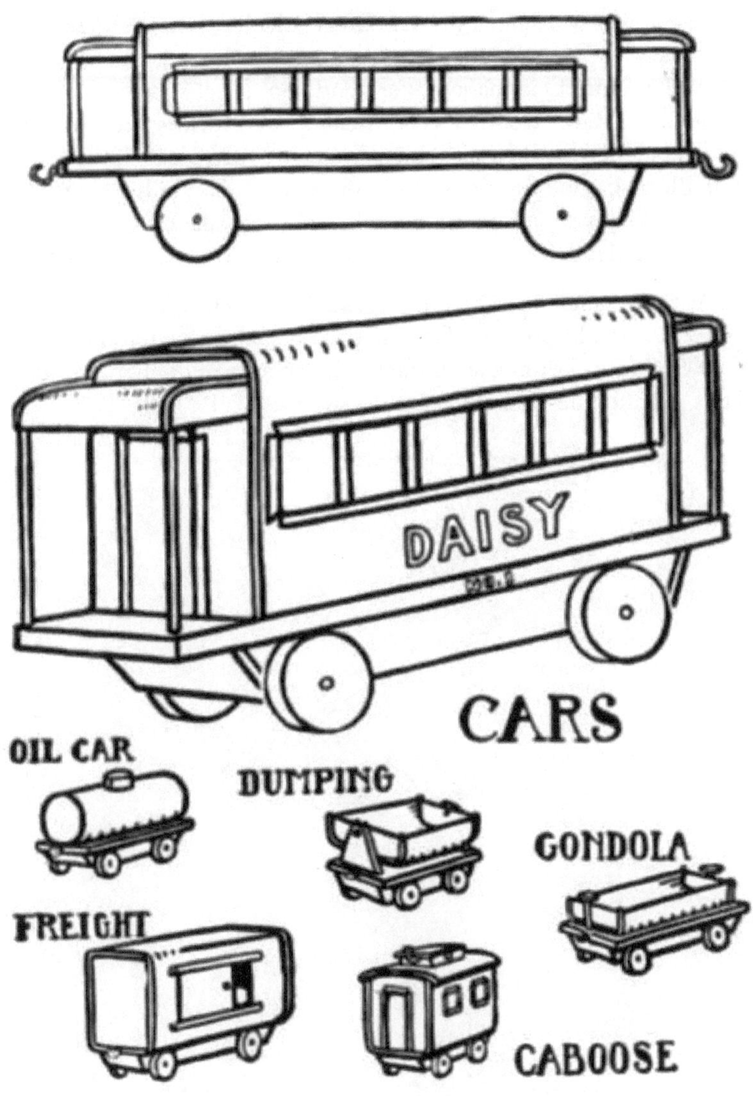


ABB. 90.

Für den Boden des Autos kann ein flaches Stück Blech verwendet werden, wobei dieses Stück genauso geformt ist wie der Rahmen des Auto-Lastwagens. Es ist lang genug, um an jedem Ende des Wagens Platz für eine Plattform zu bieten, und die Karosserie ist fest damit verlötet.

Autoräder können wie alle anderen Blechdosenräder aus sehr kleinen Dosen hergestellt werden. Zwei Flaschenverschlüsse können zu einem Rad zusammengelötet werden, oder mehrere flache Blechscheiben können ausgeschnitten und an den Rändern zusammengelötet werden, um ein Rad zu bilden. Die mit Dachnägeln verwendeten Blechscheiben ergeben ein hervorragendes Rad, wenn zwei Rücken an Rücken zusammengelötet werden . Versuchen Sie niemals, einen einzigen Dosendeckel, Flaschendeckel oder eine Blechscheibe für ein Rad zu verwenden, das ein beliebiges Gewicht tragen soll. Jeder von ihnen ist zu schwach, um alleine zu bestehen. Die Montage der Räder erfolgt wie in den Zeichnungen des Pkw dargestellt.

Andere Autos können aus Dosen hergestellt werden, wie in Abb. 90 gezeigt , wobei die Konstruktion so einfach ist, dass sie keiner weiteren Beschreibung bedarf. Diese Autos können so einfach oder so aufwändig hergestellt werden, wie es das Können des Herstellers zulässt.

# KAPITEL XVIII
## EINFACHES MECHANISCHES SPIELZEUG

## WASSERRÄDER UND SANDMÜHLEN – EINE EINFACHE DAMPFTURBINE UND KESSEL – EINE WINDMÜHLE UND TURM – FLUGZEUG-WETTERFAHNE

Wasserräder und Sandmühlen können aus Flaschenverschlüssen und Dosendeckeln hergestellt werden. Zwei steckbare oder reibschlüssige Dosendeckel werden zu einem Flanschrad zusammengelötet, und zwischen den Flanschen werden in gleichen Abständen Flaschenverschlüsse für die Eimer verlötet. Der allgemeine Aufbau ist in Abb. 91 dargestellt . Eine Düse kann aus einem Stück Zinn geformt und an die Norm angelötet werden, so dass ein Schlauch daran und an einen Wasserhahn angeschlossen werden kann, oder das Wasserrad kann in ein Waschbecken unter einem Wasserhahn gestellt oder in einen fließenden Wasserstrahl gestellt werden .

Ein Trichter oder Sandbehälter kann aus Zinn hergestellt und an einen Ständer gelötet werden, der das Schaufelrad hält. Feiner, trockener Sand, der in den Trichter gegeben wird, läuft durch das Loch im Boden und bringt das Schaufelrad zum Drehen.

**Eine einfache Dampfturbine und ein Kessel.** — Eine sehr einfache und unterhaltsame Dampfturbine, die mit Dampf betrieben wird, der in einem Blechkessel erzeugt wird, kann aus Blechdosen hergestellt werden. Wählen Sie eine gut verlötete Dose mit dicht schließendem Deckel, z. B. eine Melasse- oder Sirupdose mit Friktionsdeckel. Der Deckel muss festgelötet werden, um ihn dampfdicht zu machen.

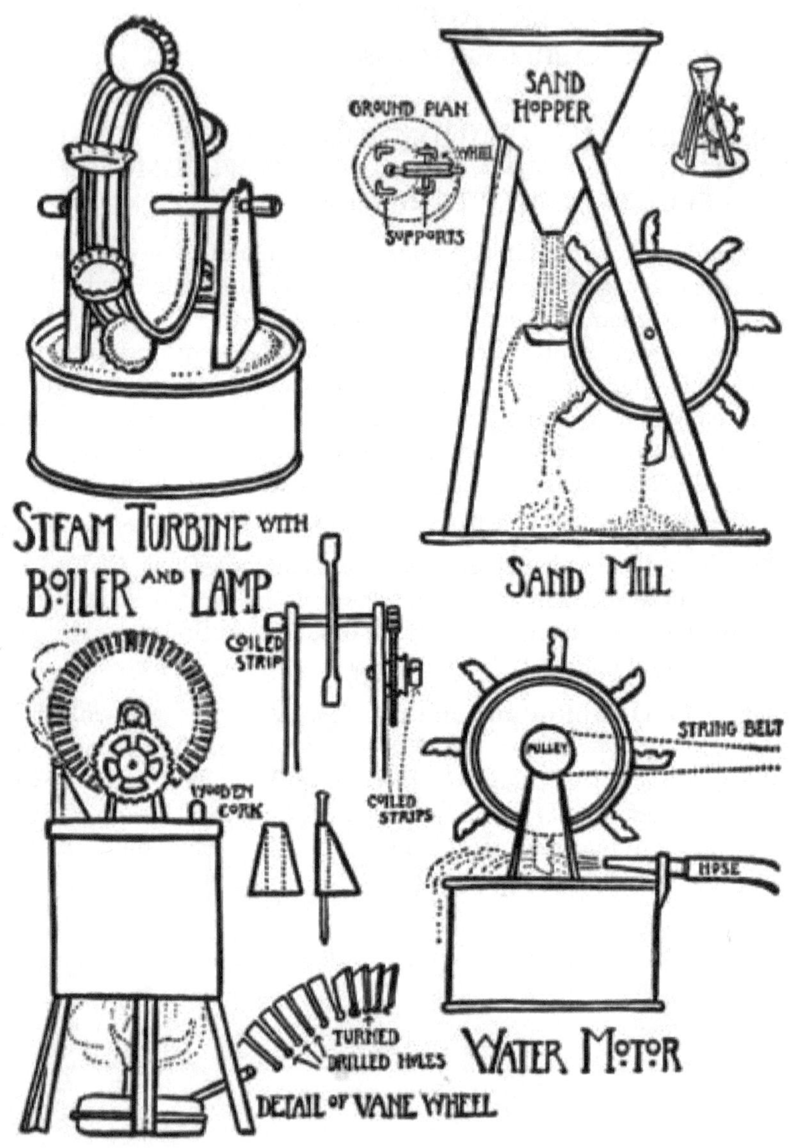


ABB. 91.

Stanzen Sie in der Nähe einer Seite des Deckels ein Loch mit einem Durchmesser von etwa ¼ Zoll, um ein Einfüllloch zu schaffen. Achten Sie darauf, dass dieses Loch vollkommen rund ist, sodass ein Korken hineinpassen kann, um es dampfdicht zu machen.

Das Flügelrad sollte einen Durchmesser von etwa 3 Zoll haben und sehr sorgfältig gefertigt sein. Achten Sie darauf, dass die Achse genau in der Radmitte verlötet ist. Die Flügel sollten klein und zahlreich sein und alle genau die gleiche Größe haben. Die Bauweise ist auf Seite 183 dargestellt (ganzseitige Zeichnung). Ein 3-Zoll-Kreis wird sorgfältig auf einem flachen Stück Blech ausgelegt und dann wird ein weiterer Kreis etwa ¾ Zoll im Inneren des ersten Kreises ausgelegt. Der äußere Kreis wird dann in 36 gleiche Teile geteilt. Zeichnen Sie von jedem Teilungspunkt am Rand gerade Linien zur Radmitte. Bohren Sie genau dort, wo jede Linie den inneren Kreis schneidet, ein kleines Loch. Schneiden Sie jede Trennlinie zu jedem Loch ab. Drehen Sie jeden Flügel mit der Zange im rechten Winkel zur Radfläche.

Die Dampfdüse sollte sehr klein sein. Ein dreieckiges Stück Zinn kann um einen feinen Nagel oder Stift aus Draht geformt werden. Die Öffnung in der Düse sollte einen Durchmesser von etwa ½₂ Zoll haben. Die Düse sollte gut zusammengelötet und dann über ein Loch geeigneter Größe mit dem Kessel verlötet werden, damit der Dampf vom Kessel in die Düse strömen kann. Achten Sie darauf, das Rohr nicht zu verlöten, damit der Dampf nicht entweichen kann. Ein Stück Besenstroh kann beim Zusammenlöten in die Düse gesteckt werden und beim Anlöten der Düse an den Kessel darin belassen werden. Der Strohhalm sollte in den Kessel hineinragen und kann nach Abschluss der Lötarbeiten herausgezogen werden. Verwenden Sie keinen Draht in der Düse, um zu verhindern, dass sie sich mit Lot füllt, da das Lot daran haften bleibt und nicht herausgezogen werden kann.

Achten Sie beim Platzieren der Düse unter dem Flügelrad darauf, dass der Dampf direkt auf die Flügel trifft, wenn er austritt. Platzieren Sie das Ende der Düse so nah wie möglich an den Flügeln, aber so, dass es beim Drehen des Rades nicht gegen die Flügel stößt.

Diese Turbinen laufen bei sorgfältiger Herstellung mit sehr hoher Geschwindigkeit. Benutzen Sie nicht zu viel Hitze unter dem Kessel, da ein zu großer Druck zur Explosion des Kessels mit katastrophalen Folgen führen kann. Wenn der Kessel über einer Gasflamme steht, achten Sie darauf, dass die Flamme nicht um den Kessel herum ausbrennt und an den Seiten hochkriecht, da sie dann von der Oberseite des Kessels abschmelzen kann, selbst wenn sich viel Wasser darin befindet. Eine mäßige Flamme sorgt dafür, dass im Kessel ausreichend Druck erzeugt wird, damit sich das Flügelrad schnell dreht. Wenn Sie beim Einsetzen des Korkens in die Einfüllöffnung vorsichtig vorgehen, können Sie ihn dampfdicht machen, indem Sie ihn mit leichtem Druck in die Einfüllöffnung drücken, so dass der Korken herausfliegt, wenn im Kessel zu viel Druck erzeugt wird.

Ein Ritzel aus einem kleinen Uhrwerk kann an die Welle des Flügelrades angelötet werden und mit einem großen Zahnrad kämmen, das auf einer

Welle sitzt, die an der Stütze auf einer Seite des Rades angelötet ist. Eine kleine Riemenscheibe kann aus Holz oder Metall bestehen und am großen Zahnrad befestigt werden. Diese Anordnung der Zahnräder führt zu einer verringerten Geschwindigkeit und ein Schnurriemen kann von der Riemenscheibe zu einer leicht laufenden Spielzeugmaschine geführt werden. Das an der Turbine befestigte Ritzel und Zahnrad sollte sehr leichtgängig sein.

Eine Alkoholheizlampe für den Turbinenkessel kann hergestellt werden, indem ein Dochtrohr und ein Entlüftungsrohr an eine Schuhcreme- oder Salbendose gelötet werden.

Das Dochtrohr sollte aus einem zylindrisch aufgerollten Blechstreifen bestehen. Wenn es zusammengelötet ist, sollte es einen Durchmesser von etwa ½ Zoll und eine Länge von 1½ Zoll haben. Das Dochtrohr sollte etwa 2,5 cm über die Oberseite der Lampe hinausragen und zur Aufnahme fest in ein Loch in der Oberseite der Lampe eingelötet werden.

Ein kleines Rohr mit einem Durchmesser von etwa ¼ Zoll und einer Länge von 3 Zoll wird zusammengelötet. Dieses Rohr sollte über ein Loch nahe der Seite der Lampe oben gelötet und schräg angelötet werden, wie in Abb. 91 gezeigt . Es dient als Entlüftungsöffnung, die das Entweichen des an der Oberseite der Lampe erzeugten Alkoholgases ermöglicht, und dient außerdem als Griff. Eine Alkohollampe, die mit einem Entlüftungsrohr dieser Beschreibung ausgestattet ist, kocht nicht über und fängt Feuer, wie es bei vielen der kleinen Alkohollampen, die mit Spielzeugdampfmaschinen geliefert werden, sicher der Fall ist. Vor Unfällen dieser Art schützen Entlüftungsrohre, die so an diese Lampen angelötet sind, dass sie das Gas von der Flamme wegleiten.

An der Oberseite der Lampe sollte möglichst weit vom Dochtrohr entfernt ein Einfüllloch angebracht werden. Als Stopfen kann ein gewöhnlicher Korken verwendet werden. Aus einigen Stücken Altblech lässt sich leicht ein kleiner Trichter basteln, der zum Befüllen des Kessels und der Lampe dient.

**Eine Windmühle und ein Turm.** — Eine Windmühle und ein Turm, die nach ihrer Fertigstellung sehr realistisch aussehen, können aus Blechdosen hergestellt werden. Das Flügelrad besteht aus zwölf Flügeln, die in zwei Dosendeckeln untergebracht sind. Die Flügel werden aus einem flachen Stück Blech geschnitten, wobei darauf geachtet wird, dass jeder Flügel genau die gleiche Größe hat. Als äußerer Flügelträger wird ein großer Dosendeckel verwendet und der Mittelteil dieses Deckels weggeschnitten. Um den Rand des Dosendeckels herum werden in gleichen Abständen zwölf Schnitte gemacht und die Lamellen in diese Schnitte eingelötet.

Für die Mitte des Rades wird ein kleiner Dosendeckel verwendet und die Enden der Flügel daran angelötet.

Der Turm besteht aus gefalteten Blechstreifen und der Tank aus einer Blechdose ist in Abb. 92 dargestellt .

**Flugzeug Wetterfahne.** — Eine Doppeldecker-Wetterfahne kann aus flachen Blechstreifen hergestellt werden. Große runde oder quadratische Dosen können geöffnet und die daraus entnommene Dose zur Herstellung der Flugzeugwetterfahne verwendet werden . Wenn diese Wetterfahne auf einem geeigneten Dorn montiert ist, auf dem sie sich frei im Wind drehen kann, dreht sich der Propeller schnell, wenn der Wind weht.

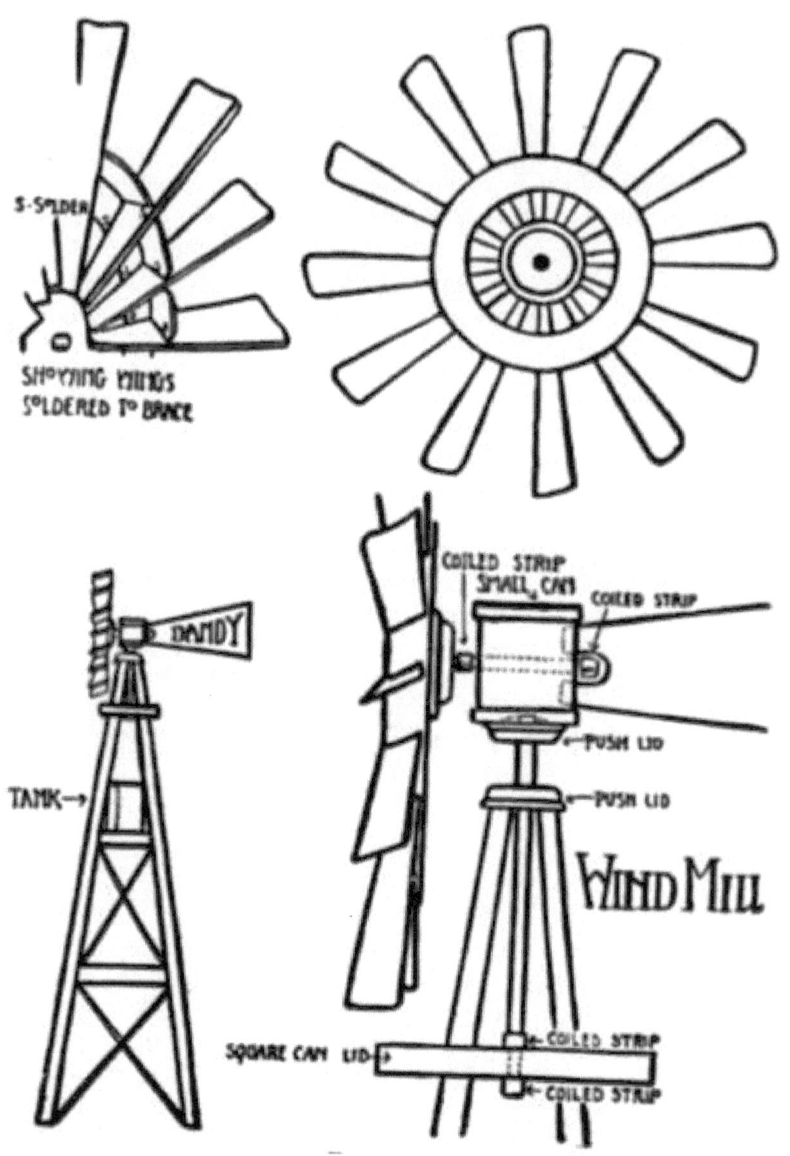


ABB. 92.

PLATTE XVIII

Aeroplane weathervanes made by the author

Flugzeugwetterfahnen des Autors

Der Aufbau des Flugzeugs ist recht einfach und die Hauptabmessungen sind in Abb. 93 angegeben . Die Konstruktion ist auf Tafel XVIII sehr gut dargestellt . Wenn die oben genannten Probleme zufriedenstellend gelöst wurden, wird es keine Schwierigkeiten geben, das Flugzeug anhand der angegebenen Abmessungen zu konstruieren.

Die beiden Flügel werden aus zwei Blechstücken der gewünschten Größe mit umgeschlagenen Kanten gefertigt.

Der Rumpfkörper besteht aus einem langen dreieckigen Stück Blech, das auf beiden Seiten so gefaltet ist, dass eine Art langer, sich verjüngender Kasten entsteht. Für diese Box wird ein Deckel angefertigt, der in zwei Teile geteilt ist, um eine Cockpit-Öffnung freizulassen.

Die Streben oder Flügelstützen bestehen aus schmalen Blechstreifen, die aus Festigkeitsgründen fast zusammengefaltet sind. Die kleinen Abspanndrähte sollten am besten aus Kupferdraht mit kleinem Durchmesser hergestellt werden. Wenn es schwierig ist, einen kleinen Kupferdraht zu bekommen, kann es möglich sein, zwei bis drei Fuß isolierten Kupferdraht für elektrische Zwecke zu besorgen. Dieser Draht wird zum Aufziehen kleiner Magnete für elektrische Glocken verwendet. Die Isolierung brennt leicht ab. Kupferdraht lässt sich sehr leicht löten.

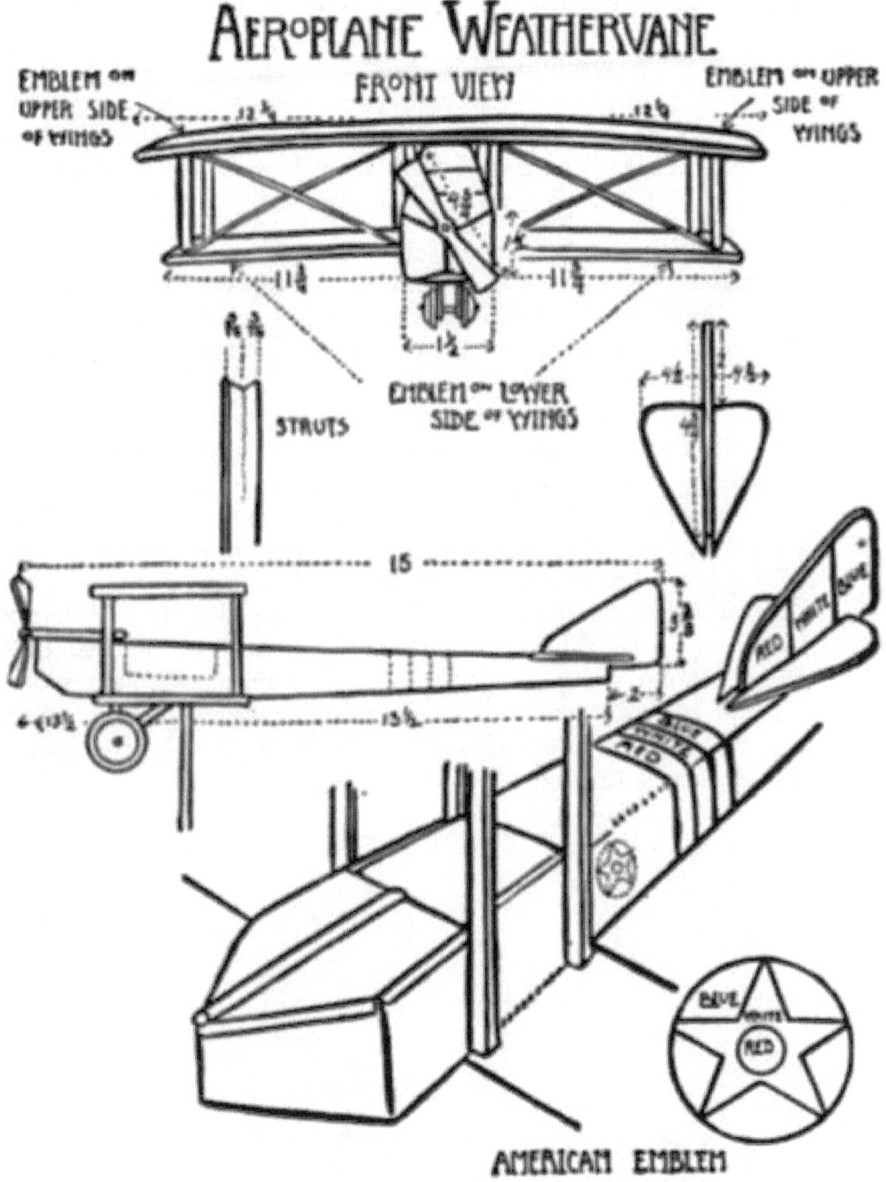


ABB. 93.

Das Seiten- und Leitwerk besteht aus flachen Blechstücken. Für die Propellerwelle wird ein gerades Stück Draht verwendet. Ein Rohr besteht aus Zinn und dient als Lager für die Welle. Die Propellerwelle sollte sehr locker im Rohr sitzen. Das Lagerrohr wird wie in Abb. 93 dargestellt fest mit dem Flugzeugrumpf verlötet . Im komplett zusammengebauten Zustand ist der

Propeller bis auf den Propeller und seine Welle an einem Ende der Welle angelötet. Es sollte darauf geachtet werden, das Propellerblatt so zu montieren, dass die Welle genau in der Mitte liegt, sodass eine Seite des Propellers nicht schwerer ist als die andere. Die Welle wird durch das Lagerrohr geschoben und sollte etwa ¼ Zoll darüber hinausragen. Um dieses vorstehende Ende des Schafts wird ein Streifen Zinn gewickelt und so daran angelötet, dass sich der Schaft im Rohr frei drehen kann.

Wenn das Flugzeug vollständig zusammengebaut ist, versuchen Sie, den Punkt zu finden, an dem es balanciert, wenn es auf dem Finger unter dem Rumpf ruht. An dieser Stelle sollte ein Loch gestanzt werden, das groß genug ist, um den Eisenstab oder das Stück dicken Drahtes aufzunehmen, der für den Dorn verwendet werden soll, an dem die Wetterfahne befestigt werden soll. Direkt über dem ersten wird ein zweites Loch gestanzt; Dieses Loch ist erheblich kleiner als das Loch darunter. Die Oberseite des Eisendorns, der die Wetterfahne des Flugzeugs trägt, ist auf einen kleineren Durchmesser gefeilt, so dass beim Durchstecken des Dorns durch das größere Loch der kleinere oder gefeilte Teil des Dorns durch das Loch im oberen Teil des Rumpfes geht. Die Wetterfahne ruht dann auf der am Dorn geformten Schulter, wie in der Abbildung gezeigt. Ein Holzklotz kann an die Dachspitze des Hauses oder der Scheune genagelt und ein Loch in der Größe des Stützdorns gebohrt werden, und der Dorn kann hineingeschoben und die Wetterfahne des Flugzeugs auf dem Dorn montiert werden . Es sollte gut in leuchtenden Farben bemalt sein und sich, wenn es gut verarbeitet ist , als sehr ansprechendes Spielzeug erweisen.

# KAPITEL XIX
## KERZENHALTER

## WANDLEUCHTEN UND EINE LATERNE

Der Sockel des in Abb. 94 gezeigten hohen Kerzenständers besteht aus unterschiedlich großen Dosen, die zu tablettartigen Formen zugeschnitten und zusammengelötet sind. Wie aus dem Studium hervorgeht, bestehen die Schäfte aus gewöhnlichen Feldzugshörnern aus Zinn. Die Tropfbecher bestehen aus eindrückbaren Dosendeckeln oder aus kleinen, auf Tablettform zugeschnittenen Dosen. Alle scharfen Kanten sind umzudrehen. Die Kerzenfassungen sind auf die gleiche Weise geformt wie bei dem in Kapitel VIII, Seite 94 beschriebenen Kerzenhalter .

Die Wandleuchten bestehen aus großen Oliven- oder Speiseöldosen oder Dosen, die Autoschmieröle enthielten. Alle Kanten sollten umgeschlagen oder mit gefalteten Blechstreifen umwickelt werden. Wandleuchte Nr. 2 kann aus einem flachen Blechblech hergestellt werden und die Hälfte einer großen runden Dose kann auf Tablettgröße zugeschnitten werden. Wandleuchte Nr. 3 kann aus einer großen, runden, zugeschnittenen Dose hergestellt werden.

PLATTE XIX

Eine vom Autor selbst angefertigte Laterne

Ein Kampfpanzer des Autors. Der Tank besteht aus zwei Makrelendosen. Teile von Pfefferkisten, Kronkorken und ein paar Nägel, die als Waffen dienten

in ein Loch in dem quadratischen Stück, das für die Oberseite der Laterne verwendet wird, eingesetzt. Die vier Eckstücke der Laterne bestehen aus rechtwinklig geschnittenen Blechstreifen.

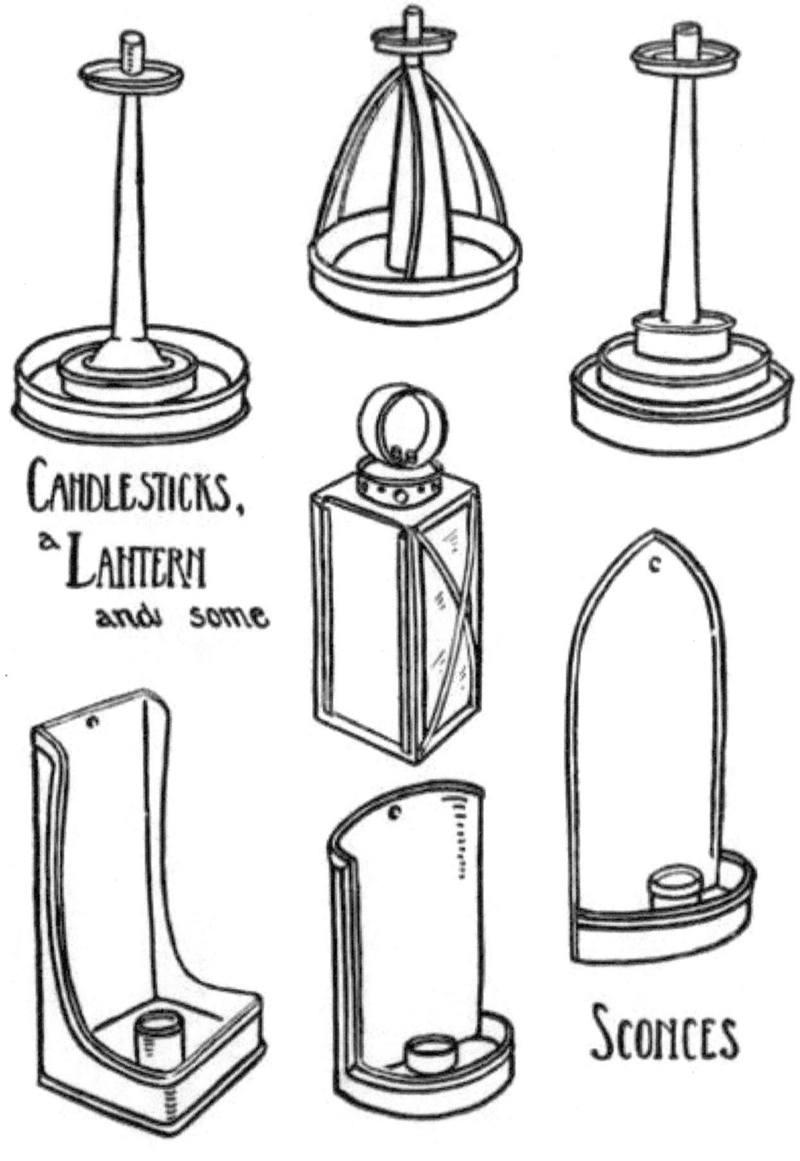


ABB. 94.

Aus einem flachen Blechblech wird eine Schiebetür hergestellt, die zwischen zwei gefalteten Blechstreifen gleitet, die mit dem Rahmen der Laterne verlötet sind. Für die Laterne werden drei Glasstücke verwendet, die durch schräg gefaltete kleine Blechstücke gehalten werden, von denen ein Teil am Glas anliegt und der andere Teil mit dem Zinnwerk der Laterne verlötet ist. Diese Teile werden an ihrem Platz platziert, während jedes Glasstück in die Laterne gelegt wird, eines oben und das andere unten an jedem Glasstück.

---

# KAPITEL XX

## LAGER- UND KÜCHENAUSRÜSTUNG

**Eine Kaffeekanne – Kocheimer – Bratpfanne – Toaster – ein Camp-Duschbad – Kantine oder Wärmflasche – eine Streichholzschachtel**

Eine ausgezeichnete Kaffeekanne kann aus einer Gallonendose oder einer kleineren hergestellt werden. Diese Dose muss einen gerollten Rand oder eine geschlossene Naht haben, damit sie nicht auseinander schmilzt oder ausläuft, wenn sie versehentlich trockenkocht.

An der Seite der Dose werden Laschen angenietet, wie im Abschnitt „Herstellung eines Eimers" in Kapitel IX, Seite 100 beschrieben . Eine Reihe kleiner Löcher werden in einer dreieckigen Anordnung so gestanzt, dass sie beim Anlöten direkt auf der Rückseite des Ausgusses liegen.

Der Ausguss besteht aus einem separaten dreieckigen Stück Blech. Dieses Stück Blech wird in Form gebracht und dann über den Sieblöchern an die Kaffeekanne genietet. Nachdem es durch die Nieten festgehalten wurde, wird es fest verlötet, damit es nicht auslaufen kann. Die Nieten sollen ein Abschmelzen der Tülle verhindern.

Ein Deckel für die Kaffeekanne kann aus dem Boden einer anderen Dose derselben Größe hergestellt werden. Einige Dosen sind mit einem Deckel versehen und eignen sich hervorragend als Kaffeekanne.


**Koch- oder Kocheimer.** — Die Siede- oder Kocheimer werden auf die gleiche Weise hergestellt wie die in Kapitel IX, Seite 100 beschriebenen Eimer . Es sollte darauf geachtet werden, dass für alle Utensilien, die über dem Feuer aufbewahrt werden sollen, nur Eimer mit gerolltem Rand oder mit versiegelter Naht verwendet werden.

**Bratpfanne .** — Die Bratpfanne wird durch Zuschneiden einer großen runden oder quadratischen Dose mit Roll- oder Falznaht hergestellt. Die Kanten werden gedrechselt und ein passender Griff wie abgebildet angenietet. Achten Sie darauf, alle Verbindungen, die der Hitze eines Feuers ausgesetzt sind, zu vernieten.

**Toaster.** — Ein Toaster oder Grill kann aus gefalteten Blechstreifen hergestellt werden, die fest miteinander vernietet sind, wie in Abb. 95 gezeigt . Stellen Sie sicher, dass Sie in jeder Ecke des Toasters zwei Nieten anbringen.

**Die Kantine oder Wärmflasche .** — Die Feldflasche oder Wärmflasche kann aus zwei zusammengelöteten Kuchen- oder Tortenformen oder aus großen runden Gallonendosen bestehen, die zugeschnitten und wie ein großes Blechdosenrad geformt sind. Ein wasserdichter Schraubverschluss kann an der Feldflasche angebracht werden, indem der Schraubdeckel und die Kappe von einer Ahornsirup- oder Autoöldose entfernt und die Schraube über ein geeignetes Loch in der Feldflasche gelötet werden. Die meisten dieser Schraubverschlüsse lassen sich durch einfaches Erhitzen von der Originaldose abschmelzen, wobei der Deckel selbst bei diesem Vorgang entfernt wird.

PLATTE XX

A toy tin can kitchen made by author. The body of the range is made of a biscuit box. The draught door is made of the top of a pepper box, with sifter top. The ash door is made of the bottom of a pepper box. The oven door is made of the hinged tin lid of a little cigar box. The stove lids are made of can lids. The door handles are rivets. The range boiler is made of a long can; pipes are made of wire. The tea kettle is made of a shoe paste box.

Eine Spielzeug-Blechdosenküche vom Autor. Der Korpus der Serie besteht aus einer Keksdose. Die Zugtür besteht aus der Oberseite einer Pfefferbox mit Siebdeckel. Die Aschentür besteht aus dem Boden einer Pfefferbox. Die Ofentür besteht aus dem aufklappbaren Blechdeckel einer kleinen Zigarrenschachtel. Die Herddeckel bestehen aus Dosendeckeln. Die Türgriffe sind Nieten. Der Herdkessel besteht aus einer langen Kanne; Rohre bestehen aus Draht. Der Teekessel besteht aus einer Schuhpastenschachtel.

PLATTE XXI

A doll's bathroom made by the author. The bath tub is made of a corn can, cut in half lengthwise. Part of another can of the same size is fitted with the open end of the first can. The edges are turned over. The washstand is made of the top and bottom of a spice box; the bowl is made of a varnish can cap. The column is made of a pill box. The mirror is made of a can lid.

A tin can laundry made by the author. The laundry tubs are made of a cigarette box. Rivets are used as faucets. The sink is made of a pocket tobacco box. Cup hooks are used as faucets. The clock is made of a small tin box and can lids.

Ein Puppenbadezimmer der Autorin. Die Badewanne besteht aus einer der Länge nach halbierten Maisdose. Ein Teil einer anderen Dose der gleichen Größe wird mit dem offenen Ende der ersten Dose versehen. Die Kanten werden umgeschlagen. Der Waschtisch besteht aus der Ober- und Unterseite einer Gewürzbox; Die Schale besteht aus einem lackierten Dosendeckel. Die

Säule besteht aus einer Pillendose. Der Spiegel besteht aus einem Dosendeckel.

Eine vom Autor hergestellte Blechdosenwäsche. Die Wäschewannen bestehen aus einer Zigarettenschachtel. Nieten werden als Wasserhähne verwendet. Das Waschbecken besteht aus einer Tabakschachtel im Taschenformat. Als Wasserhähne werden Tassenhaken verwendet. Die Uhr besteht aus einer kleinen Blechdose und Dosendeckeln.

**Ein Camp-Duschbad .** — Ein Camping-Duschbad kann aus einer sehr großen Dose, einer Schuhpastendose, einem kurzen Stück Gummischlauch und zwei kleinen flachen Blechstücken bestehen.

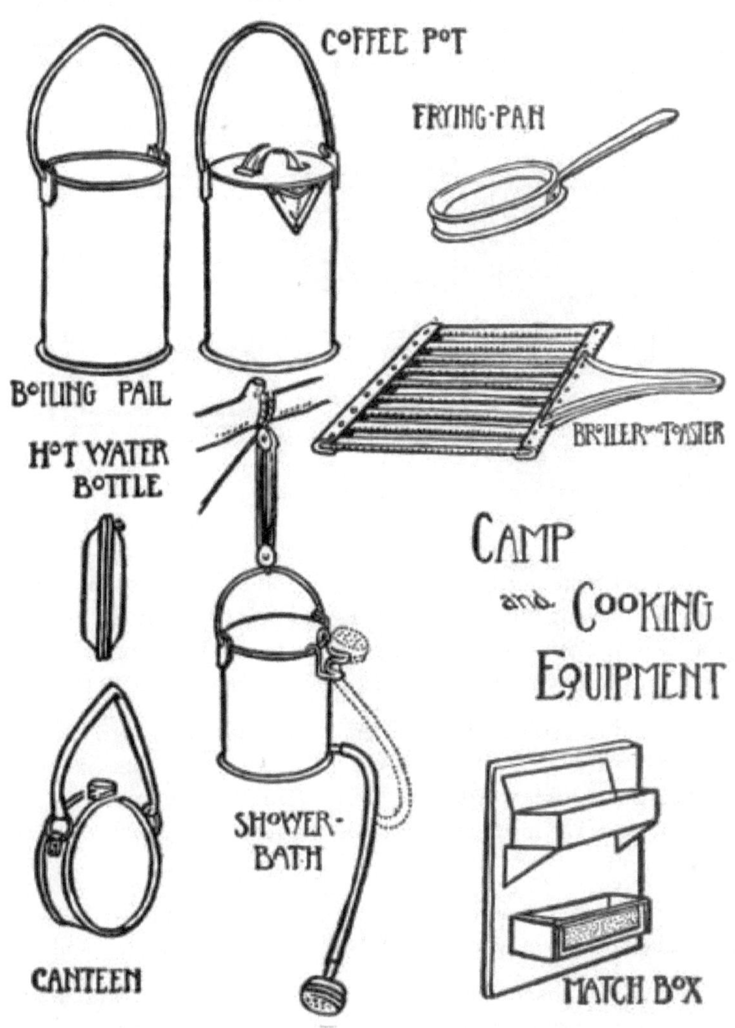

Eine 5-Gallonen-Dose, die Autoöl enthielt, ist leicht zu finden und ein heißes Laugenbad entfernt alle Ölspuren. Die Laugenlösung wird in die Dose gegeben und bis zum Siedepunkt erhitzt. Anschließend wird es ausgegossen und die Dose mit heißem Wasser ausgespült.

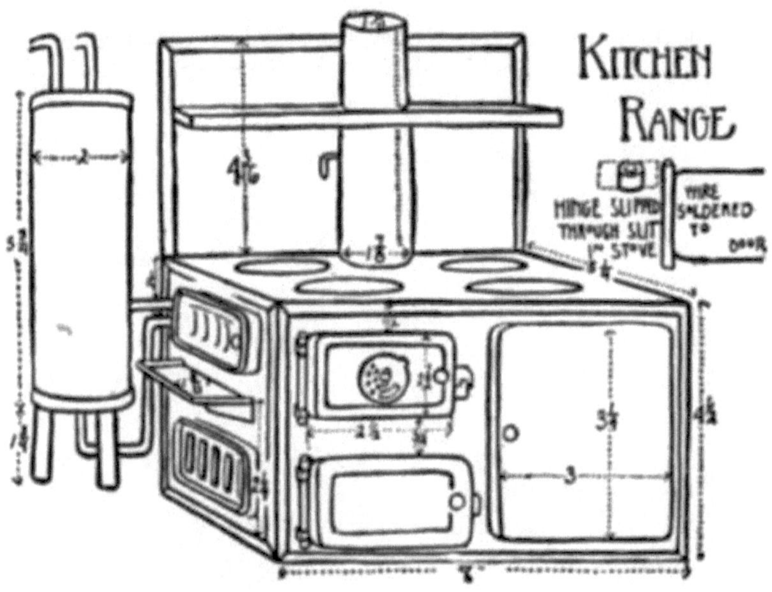


ABB. 96.

Der Deckel der Dose wird entfernt und ein stabiler Griff an der Dose befestigt. An der Seite der Dose, nahe dem Boden, ist ein kleiner Zinnnippel angelötet. Bei diesem Nippel handelt es sich einfach um ein flaches Stück Blech, das in eine zylindrische Form gerollt ist und eine geeignete Größe hat, so dass ein Stück Gummischlauch fest darüber angebracht werden kann.

Für die Sprühdüse sollte ein zweiter Nippel gleicher Größe angefertigt werden. Die Sprühdüse besteht aus einer Schuhcreme- oder Salbendose. In den Deckel der Dose werden mehrere feine Löcher gestanzt und das Blechrohr bzw. der Nippel in ein dafür vorgesehenes Loch im Boden der Dose eingelötet.

Am Rand des Eimers befindet sich ein Drahthaken, um die Sprühdüse an Ort und Stelle zu halten, wenn das Wasser nicht herauslaufen soll.

Es wird sich als praktisch erweisen, eine Doppelrolle und ein Seil zu haben, um den Eimer nach dem Befüllen auf eine geeignete Höhe zu heben.

**Die Streichholzschachtel .** — Die Streichholzschachtel besteht aus zwei Zigarettenschachteln, eine für gute Streichhölzer und die andere für abgebrannte Streichhölzer. Diese Schachteln sind groß genug, um die Papierschublade einer großen Schachtel Streichhölzer aufzunehmen.

Der aufklappbare Deckel verbleibt auf der Schachtel, in der die unverbrannten Streichhölzer aufbewahrt werden sollen. Dieser Kasten ist an zwei Stützen so angelötet, dass er von dem Blechstück, das die Rückseite der beiden Kasten bildet, ferngehalten wird und der Deckel des oberen Kastens angehoben werden kann. Die untere Box wird einfach an das Rückteil angelötet. An der Vorderseite dieses zweiten Kastens sind drei gefaltete Blechstreifen angelötet, die als Halterung für einen Streifen Sandpapier zum Anzünden der Streichhölzer dienen.

---

# KAPITEL XXI
### VORBEREITEN DER SPIELZEUGE ZUM BEMALEN

## ÜBERSCHÜSSIGES LOT MIT SCHABERN ENTFERNEN – EINEN HACKENSCHABER HERSTELLEN – SCHABER FÜR KLEMPNER UND DACHDECKER – SCHABEN UND FEILEN – DIE SPIELZEUGE IN EINEM Laugenbad KOCHEN – LÜFTUNGSLÖCHER

Es kommt häufig vor, dass mehr Lot auf die Verbindungen aufgetragen wird, als zum Zusammenkleben der Arbeit erforderlich ist, oder dass das Lot aufgrund der Unerfahrenheit des Arbeiters in einem eher rauen oder klumpigen Zustand zurückbleibt.

Der Anfänger sollte sich in diesem Fall keineswegs entmutigen lassen, denn es gehört ein gewisses Geschick zum sauberen Löten dazu, das man sich nur durch Erfahrung und genaues Befolgen der einfachen Arbeitsregeln aneignen kann.

Der Anfänger sollte darauf achten, dass ausreichend Lot aufgetragen wird, um das Werkstück fest zusammenzuhalten. Das überschüssige Lot kann mit einem einfachen Schaber in Hackenform abgekratzt werden. Ein altes Messer eignet sich auch zum Entfernen von Lötklumpen. Zum Abfeilen des Lötzinns kann eine alte Feile oder Raspel mit sehr groben Zähnen verwendet werden. Eine fein geschliffene Feile sollte niemals zum Feilen von Lötzinn verwendet werden, da die feinen Zähne durch Lötzinn verstopft werden und die Feile für weitere Arbeiten unbrauchbar wird.

**Herstellung eines Hackschabers .** — Ein Hackschaber kann aus einem billigen Schraubenzieher hergestellt werden, wie er beispielsweise in den 5- und 10-Cent-Läden erhältlich ist. Das Ende des Schraubenziehers, das an der Schraube angebracht wird, wird glühend heiß (stumpfrot). Dann wird es schnell zwischen die Backen eines Schraubstocks gelegt, so dass die Backen es etwa einen halben Zoll vom Ende entfernt fassen, und bevor der Stahl Zeit zum Abkühlen hat, wird es wie eine Hacke umgebogen, siehe Abb. 97 .

Verwenden Sie eine flache Feile mit feinen Zähnen, um die Schneidkanten etwa in dem Winkel zu feilen, der in der vergrößerten Zeichnung des Arbeitsendes des Hackschabers dargestellt ist.

Wenn das Werkzeug in Form gefeilt ist, erhitzen Sie das Ende erneut, bis es mattrot ist, und tauchen Sie es mehrmals schnell in einen Eimer Wasser, bis es vollständig abgekühlt ist. Anschließend ist das Werkzeug einsatzbereit.

Der Hackschaber ist ein sehr einfach zu verwendendes Werkzeug. Die Schneide wird einfach mit leichtem Druck über das zu entfernende Lot gezogen und entfernt bei jedem darüberziehen ein wenig Lot. Dieses Werkzeug kann leicht mit einer glatten Feile oder auf einem Schleifstein geschärft werden, wenn es stumpf wird.

Versuchen Sie nicht, zu viel Lot auf einmal zu entfernen, und entfernen Sie nicht zu viel Lot von der Verbindung, da diese dadurch geschwächt wird. Glätten Sie einfach das Lot, damit es beim Überlackieren gut aussieht.

**für Klempner und Dachdecker .** — Zwei sehr praktische Schaber können bei einem Händler für Blechwerkzeuge erworben werden. Einer von ihnen heißt Klempnerschaber und ist in Abb. 97 dargestellt . Der andere wird Dachschaber genannt und ist in Abb. 97 dargestellt . Beide Werkzeuge erweisen sich beim Entfernen von Lötzinn als sehr nützlich.

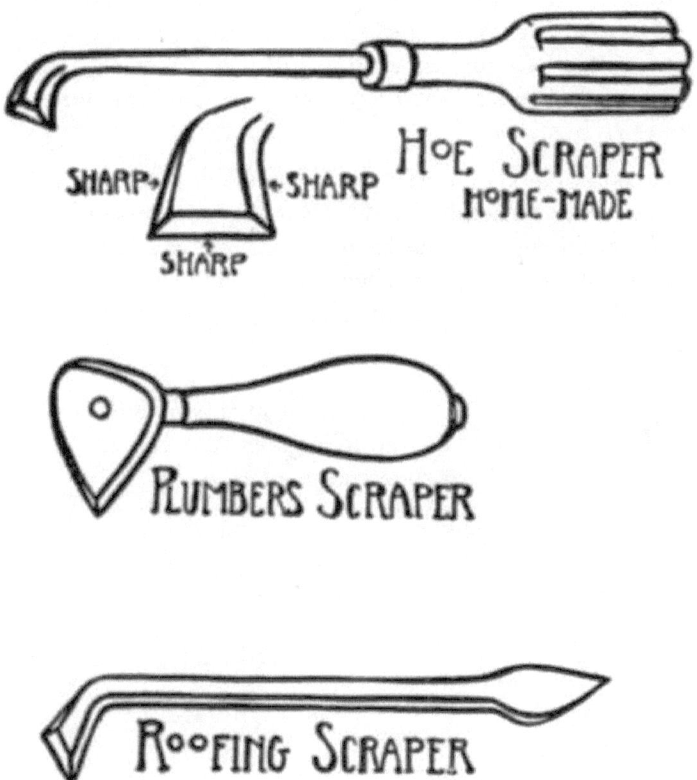


ABB. 97.

**Kochen der Spielsachen in einem Laugenbad .** — Wenn die Spielzeuge vollständig zusammengebaut sind und bevor sie bemalt werden, sollten sie in einem Laugenbad gründlich ausgekocht werden, um Fett, Lötpaste oder Säure, Papier oder bemalte Etiketten usw. zu entfernen.

Das Laugenbad entsteht durch Zugabe von zwei gehäuften Esslöffeln Lauge oder Waschsoda zu einem Liter kochendem Wasser. Lauge oder Waschsoda können in jedem Lebensmittelgeschäft gekauft werden.

Die Laugenlösung sollte in einem alten Waschkessel oder einer großen Dose bzw. einem großen Eimer gemischt, über ein heißes Feuer gestellt und leicht kochend gehalten werden, während die Spielzeuge in das Laugenbad eingetaucht werden. Es sollte so viel Laugenlösung angesetzt werden, dass mindestens die Hälfte des zu reinigenden Gegenstandes damit bedeckt ist. Das Spielzeug bleibt im Bad, bis der mit der Lösung bedeckte Teil sauber ist. Anschließend wird es aus dem Bad genommen, abgespült und anschließend der noch zu reinigende Teil des Spielzeugs in die Lösung gegeben. Das gesamte Spielzeug sollte nach der endgültigen Entnahme aus dem Laugenbad gründlich mit warmem Wasser abgespült werden. Stellen Sie sicher, dass es vollständig trocken ist und dass eventuell in teilweise versiegelte Teile des Spielzeugs eingedrungenes Wasser oder Laugen entfernt wird, bevor Sie versuchen, es zu bemalen.

Achten Sie darauf, die Hände weder heiß noch kalt in die Laugenlösung zu legen, da diese sehr schädlich für die Haut ist. Jede versehentlich auf das Tuch verschüttete Laugenlösung frisst Löcher in das Tuch, wenn sie nicht sofort mit viel Wasser ausgewaschen wird. Beim Herausheben aus dem Laugenbad sollte das Werkstück mit Drahthaken gehandhabt werden.

Von Zeit zu Zeit sollte ein frisches Laugenbad zubereitet werden, da es mit der darin aufgekochten Wirkung an Reinigungskraft verliert. Einem bereits zubereiteten Bad kann Lauge zugesetzt werden, sofern sich in diesem Bad nicht zu viel Schmutz angesammelt hat.

ABB. 98.

**Entlüftungslöcher** . — Wenn eine Dose zur Darstellung eines Kessels verwendet wird oder zu einem trommelähnlichen Gebilde wie einem Rad zusammengebaut wird und nicht luftdicht verlötet ist, besteht die Gefahr, dass sie sich beim Einsetzen mit der heißen Laugenlösung füllt. Sofern in einem solchen Kessel oder Rad keine zwei Luftlöcher oder Entlüftungsöffnungen vorhanden sind, läuft die Lauge oder das Wasser nicht vollständig aus, wenn es aus dem Bad genommen wird, aber es sickert von Zeit zu Zeit heraus, vielleicht nachdem das Spielzeug bemalt wurde irgendwann. Die so freigesetzte Lauge zerstört alle Farben, mit denen sie in Kontakt kommt.

In allen trommelähnlichen Strukturen, die rund um die Spielzeuge verwendet werden, sollten mindestens zwei Entlüftungslöcher gestanzt oder gebohrt werden, ein Loch oben, um Luft einzulassen, und ein weiteres Loch unten, damit das Wasser oder die Laugenlösung entweichen kann. Diese Entlüftungslöcher sind insbesondere bei Rädern aus Dosen notwendig, siehe Abb. 98 .

# KAPITEL XXII
## HINWEISE ZUM BEMALEN DER SPIELZEUGE

Die Blechspielzeuge sollten mit hochwertiger Emaillefarbe bemalt werden. Emaillefarben werden mit Lack vermischt, trocknen hart und glänzend und bilden eine sehr haltbare und attraktive Oberfläche für die Spielzeuge.

Es gibt mehrere beliebte Marken dieser Emailfarben auf dem Markt und fast jede davon liefert bei richtiger Anwendung gute Ergebnisse.

Zunächst sollten mehrere Farben gekauft werden: Schwarz, Weiß, Kirschrot, Chromgelb, Preußisch oder Königsblau. Mit diesem Farbsortiment ist es möglich, durch Mischen vielfältige Farbtöne zu erhalten. Eine Dose Zinnoberrot und eine Dose khakifarbene Emaillefarbe sowie kleine Dosen Gold-, Silber- und Bronzefarbe erweisen sich als sehr praktische Ergänzungen zur oben genannten Farbkollektion. Mit den Farben Zinnoberrot, Gold und Silber werden bestimmte Details des Spielzeugs bemalt, die hervorgehoben werden müssen.

Stellen Sie sicher, dass alle Farbdosen gut verschlossen sind, wenn sie nicht verwendet werden, damit die Farbe nicht austrocknet und durch den Kontakt mit der Luft dick und klebrig wird.

Beim Farbenhändler sollten mehrere Pinsel gekauft werden. Der größte Pinsel sollte aus weichem Haar mit einer Breite von etwa ½ Zoll bestehen, und der kleinste Pinsel sollte ein kleiner, spitzer Pinsel für Detail- und Linienarbeiten sein. Bedecken Sie diese Bürsten nach dem Gebrauch immer mit Terpentin oder waschen Sie sie sofort nach dem Waschen aus, indem Sie sie mit viel warmem Wasser auf einem Stück Seife abreiben.

Schneiden Sie mehrere kleine Dosen auf Tablettgröße zu und verwenden Sie diese zum Anmischen der Farbe.

Rühren Sie eine Dose Farbe immer auf, bevor Sie sie verwenden. Benutzen Sie zum Rühren ein kleines Stäbchen und bleiben Sie dabei, bis die Farbe gründlich vermischt ist. Emailfarben können mit Terpentin verdünnt werden und es sollte eine Flasche davon bereitgehalten werden.

Tragen Sie Ihre Farbe nicht zu dick auf. Die Konsistenz sollte so beschaffen sein, dass sie langsam vom Pinsel tropft, bevor der Pinsel am Rand der Dose abgewischt wird, um bei Arbeitsbeginn die überschüssige Farbe zu entfernen.

Achten Sie bei der Verwendung gemischter Farben darauf, ausreichend Farbe anzumischen, um die gesamte zu streichende Oberfläche zu bedecken, da es sehr schwierig ist, eine zweite Charge des gleichen Farbtons anzumischen.

Überlegen Sie, wie Sie Ihre Farbe auftragen möchten, bevor Sie beginnen. Versuchen Sie, Ihren Malvorgang so zu planen, dass Sie eine bemalte Oberfläche erst dann ein zweites Mal bearbeiten müssen, wenn diese vollständig trocken ist. Die Farbe sollte mit einem Pinsel gleichmäßig aufgetragen werden. Es sollte gerade so viel Farbe im Pinsel gehalten werden, dass sie auf die Dose fließt, ohne dass Streifen der Dose durch die Farbe durchscheinen.

Im Allgemeinen sollten Sie am oberen Rand einer Arbeit beginnen und nach unten streichen. Jeder neue Pinselstrich sollte den darüber liegenden überlappen und überschüssige Farbe der vorherigen Pinselstriche aufwischen.

Malen Sie zuerst die komplizierten Teile und dann die glatten Flächen. Wenn Sie beispielsweise die Wetterfahne eines Flugzeugs bemalen , verwenden Sie einen kleinen Pinsel und streichen Sie zuerst die Streben und dann die Basis und Oberseite der Streben auf der Oberfläche der Flugzeuge. Tauschen Sie den kleinen Pinsel gegen einen größeren aus und streichen Sie mehr Farbe über die Oberfläche der Flächen, wobei Sie beim Malen die Farbe um die Enden der Streben sammeln.

Wenn Sie ein großes Modell, beispielsweise einen Armeelastwagen, bemalen und nicht ganz sicher sind, wie viel Farbe benötigt wird, mischen Sie so viel Farbe, dass alle Teile des Modells lackiert werden, die am meisten sichtbar sind, und lassen Sie Teile wie die Unterseite des Rahmens frei und das Innere des Körpers bis zuletzt. Wenn Sie für diese letzten Teile mehr Farbe anmischen müssen, macht es nichts, wenn sie nicht genau den gleichen Farbton haben.

Wenn Sie noch nicht viel Erfahrung mit dem Mischen und Kombinieren von Farben haben, ist es in der Regel besser, die verschiedenen Farbtöne so zu verwenden, wie sie aus der Dose kommen, ohne zu versuchen, sie zu vermischen.

Verwenden Sie nicht zu viele Farben für ein Spielzeug, sondern versuchen Sie, mit zwei oder drei Farben, die gut zusammenpassen, einen angenehmen Effekt zu erzielen. Beispielsweise kann die gesamte Oberfläche eines Lastkraftwagens olivgrün oder khakifarben lackiert sein, mit Ausnahme der Vorderseite des Kühlers, die mit silberner Farbe lackiert werden sollte.

Wenn die erste Farbschicht vollständig getrocknet ist, können schwarze Linien um die Karosserie gemalt und verschiedene Kanten mit Schwarz betont werden. Die Naben der Räder, die Lampen, der Lenkradkranz und der Einfülldeckel am Kühler können alle mit gutem Effekt schwarz lackiert werden. Der Teil der Räder, der die Reifen darstellen soll, sollte dunkelgrau lackiert werden. (Grau kann durch Mischen von Schwarz und Weiß hergestellt werden.)

Schauen Sie sich die großen Lastwagen an, die auf den Straßen zu sehen sind, und lassen Sie sich inspirieren. Diese großen LKWs sind fast immer sehr schlicht und ansprechend lackiert.

Echte Lokomotiven sind derzeit schwarz lackiert, eine kleine Spielzeuglokomotive sieht jedoch viel besser aus, wenn die Räder rot (zinnoberrot) lackiert sind. Um die Oberseite des Schornsteins kann ein rotes Band gestrichen werden, und die Blechstreifen, die die Kabinenfenster einrahmen, sollten rot gestrichen werden, ebenso wie die Nummer der Lokomotive usw.

Die Pfeife und auch die Innenseite des Scheinwerfers sollten mit Goldfarbe bemalt werden. Um den Kessel herum können breite Linien mit Gold bemalt werden, um die Riemen darzustellen, die man an Lokomotivkesseln sieht.

Lackieren Sie die Reifen der Motorräder mit Silberfarbe. Die Antriebsstangen können entweder schwarz oder silber lackiert sein.

Eine so bemalte Spielzeuglokomotive wird für ein Kind weitaus attraktiver sein, als wenn sie wie eine echte Lokomotive schlicht schwarz lackiert wäre.

Im Allgemeinen sollten die Spielzeuge in einer vorherrschenden Farbe mit einem attraktiven Farbton bemalt und durch Linien hervorgehoben oder aufgehellt werden, und bestimmte Details sollten mit einer hellen oder kontrastierenden Farbe bemalt werden.

Lassen Sie eine Farbschicht immer gründlich trocknen, bevor Sie sie erneut auftragen.

Frisch bemaltes Blechspielzeug kann im Ofen gebacken werden. Durch das Einbrennen trocknet die Emailfarbe sehr schnell und führt dazu, dass die Farbe beim Trocknen sehr hart und glatt wird. Der Backofen mit Kohle- oder Gasherd eignet sich sehr gut zum Backen. Achten Sie jedoch darauf, dass der Ofen nicht zu heiß ist, da ein heißer Ofen dazu führt, dass das Lot schmilzt und die Spielzeuge auseinanderfallen. Es ist besser, die Ofentür leicht geöffnet zu lassen, wenn Sie die bemalten Spielzeuge über einem langsamen Feuer backen.

Es ist nicht notwendig, die Spielzeuge nach dem Lackieren zu backen, da sie einfach an der Luft trocknen können.

Malen Sie immer langsam und vorsichtig. Spielzeuge, die attraktiv bemalt sind und zu einer guten Konstruktion passen, sind viel zufriedenstellender als ein gut gemachtes Spielzeug, das schlecht bemalt ist.